南开大学研究生数学教学丛书

黎 曼 几 何

黄利兵 编

科 学 出 版 社

北 京

内 容 简 介

本书根据作者近年来多次在南开大学讲授黎曼几何的讲稿写成,可以作为黎曼几何的入门教材,主要介绍黎曼几何的基本概念与基本方法.全书共十四讲,依次介绍黎曼流形、黎曼联络、测地线、曲率等基本概念;其间介绍弧长的变分公式以及 Jacobi 场等基本方法,并讨论黎曼流形上的几何变换、微分算子、完备性、比较定理等;最后,作为黎曼流形的重要实例,介绍了齐性黎曼流形.每一讲都配有适量的例子和重要的应用,以及少量习题,以加深对相关概念和方法的理解.本书强调几何背景,着重介绍几何直观比较明确的一些定理,定理的证明也以经典微分几何方法为主.

本书可作为综合类大学和高等师范院校数学、统计、物理等专业的黎曼几何课教材,可供研究生或高年级本科生使用,也可供数学教师和科技工作者参阅.

图书在版编目(CIP)数据

黎曼几何/黄利兵编. —北京:科学出版社,2018.12
ISBN 978-7-03-060048-6

I. ①黎⋯ II. ①黄⋯ III. ①黎曼几何-教材 IV. ①O186.12

中国版本图书馆 CIP 数据核字(2018) 第 292085 号

责任编辑:李静科 / 责任校对:邹慧卿
责任印制:赵 博 / 封面设计:无极书装

科 学 出 版 社 出版
北京东黄城根北街 16 号
邮政编码:100717
http://www.sciencep.com

北京凌奇印刷有限责任公司印刷
科学出版社发行 各地新华书店经销
*
2018 年 12 月第 一 版 开本:720 × 1000 1/16
2025 年 1 月第五次印刷 印张:7 1/2
字数:151 000
定价:48.00 元
(如有印装质量问题,我社负责调换)

前　　言

　　黎曼几何是十分重要的基础数学分支, 它是经典欧氏几何的发展, 其基本研究对象是黎曼流形, 即欧氏几何中直线、平面、曲面等概念的进一步抽象和推广. 经过一百多年, 尤其是最近五十年的发展, 产生了一大批深刻的结果, 黎曼几何在微分方程、多复变函数论、拓扑学等数学分支, 以及统计学、信息学、理论物理学等其他领域中发挥了巨大作用.

　　爱因斯坦曾把引力现象解释成黎曼空间的曲率性质, 黎曼几何可以称得上是广义相对论的数学语言. 不仅如此, 黎曼几何是 20 世纪影响最大的数学分支之一, 在许多学科领域有广泛重要的应用. 世界著名大学都将黎曼几何列为大学生和研究生的重要课程.

　　南开大学开设黎曼几何课程已有悠久的历史. 本书编者从 2009 年以来就在南开大学数学科学学院讲授这门课程, 当时选用陈维桓等编著的《黎曼几何引论 (上册)》作为教材, 并参照 P. Peterson 的教材作了删节和补充. 在近十年的教学实践中, 编者对课程有了较深刻的理解, 并积累了许多素材和经验, 为编写本书作了充分的准备. 尽管如此, 在实际编写过程中仍然面临许多难题.

　　第一个难题是内容的取舍. 在我们的课程体系中, 这门课以微分流形作为先修课程, 所以在本书中我们假定读者了解流形论的一些常用概念, 如张量场、外微分、李导数, 以及李群的基本知识. 这样, 我们就不必浪费篇幅在这些底层的内容上. 换言之, 我们可以专注于黎曼几何本身. 作为教材, 我们必然要以基础内容为主. 然而, 黎曼几何的面貌日新月异, 要确保课程内容的丰富度, 就不能满足于最简单的呈现. 经过反复权衡, 我们大体保留了黎曼流形、测地线、曲率、Jacobi 场和共轭点的内容, 并补充了一些新的结果. 之所以这样选择, 是因为这门课的主要目的, 一是给学生介绍黎曼几何的基础知识和基本方法, 二是让学生了解一些前沿的结论. 前一方面的内容在近三十年来基本是固定的, 而后一方面的内容则是与时俱进的, 无法在一本固定的教材中体现. 不过, 我们在本书的每一讲安排了一个简单的附注, 其中包含了推荐给学生的阅读书目和参考文献.

　　第二个难题是如何在精确的形式化语言和粗略的讲解性语言之间达到一种平衡. 在这本书中, 我们特别希望达到以下两个目标: 一是让学生了解梯度、散度、Laplace 算子、曲率等概念, 这些不仅有明确的几何意义, 而且都是可以计算的; 二是定理的证明过程应是脉络清晰和富有启发的, 凡是可以用文字说清的部分, 就尽量少使用符号. 在力所能及的情况下, 我们尽量给出每个定理的完整证明, 但也有少数情况, 详细的证明超出了课堂讲解的时间限制, 我们只能描述概要, 并给出参考文献请学生自行查阅. 这两个目标的完成程度, 还有赖读者朋友的检验.

根据编者的经验, 本书的材料适用于每周 3 学时的一学期课程, 大致上每一讲需要 3 学时, 还有充裕的时间可以讨论一些习题或经典文献. 本书第一讲在介绍黎曼度量的基础上, 简单讨论了等距变换、相似变换、共形变换的定义. 第二讲介绍黎曼联络, 重点在于用外微分法进行计算. 第三讲讨论梯度、散度以及 Laplace 算子, 并粗略地介绍了 Hodge 理论. 第四讲介绍了测地线, 并讨论了全测地子流形以及射影变换等概念. 第五讲导出了弧长的第一变分公式, 并给出了它的两个应用. 第六讲介绍关于完备性的 Hopf-Rinow 定理. 第七、八讲介绍曲率张量和截面曲率, 重点是常曲率空间的局部表示以及空间形式的分类. 第九讲介绍大范围黎曼几何的一种常用工具, 即弧长的第二变分公式. 第十讲介绍 Ricci 曲率和数量曲率的定义以及它们与流形拓扑之间的一些关系. 第十一讲介绍另一种常用工具, 即 Jacobi 场. 第十二讲讨论了 Bishop-Gromov 相对体积比较定理和它的一些经典应用. 第十三讲讨论了黎曼流形上的仿射变换和射影等价性, 重点是仿射变换与 de Rham 分解之间的关系, 以及 Beltrami 定理的证明. 第十四讲讨论了一类重要的黎曼流形, 即赋予不变度量的齐性空间.

本书的前十一讲是 2017 年 8 月完成的, 后三讲则直到 2018 年 4 月才完成, 当时编者正在访问沈忠民教授. 与他的数次交谈使我对这本书的目标有了更明确的想法, 又用了几个月时间仔细修改了多处内容. 在本书的出版过程中, 南开大学数学科学学院的许多老师和同学对编者给予了充分的支持和帮助, 在此表示感谢; 同时还要感谢科学出版社李静科编辑的辛勤工作.

限于作者的水平, 本书难免有不足或错漏之处, 希望读者能不吝指正.

黄利兵

2018 年 11 月

目　　录

5.5　习题 ·· 35

第六讲　完备性 ·· 37
6.1　距离函数 ·· 37
6.2　Hopf-Rinow 定理 ·· 40
6.3　附注 ··· 43
6.4　习题 ··· 43

第七讲　曲率算子和曲率形式 ·· 44
7.1　曲率算子 ·· 44
7.2　曲率形式 ·· 48
7.3　附注 ··· 52
7.4　习题 ··· 52

第八讲　截面曲率 ·· 54
8.1　截面曲率的定义 ··· 54
8.2　常曲率空间 ·· 57
8.3　附注 ··· 60
8.4　习题 ··· 61

第九讲　弧长的第二变分 ··· 62
9.1　第二变分公式 ·· 62
9.2　Weinstein 定理和 Synge 定理 ······································ 64
9.3　连通性 ·· 65
9.4　附注 ··· 66
9.5　习题 ··· 67

第十讲　Ricci 曲率和数量曲率 ······································· 68
10.1　Ricci 曲率 ··· 68
10.2　数量曲率 ··· 73
10.3　附注 ·· 73
10.4　习题 ·· 74

第十一讲　测地变分和 Jacobi 场 ···································· 75
11.1　测地变分 ··· 75
11.2　共轭点 ··· 79
11.3　割迹 ·· 81
11.4　附注 ·· 82
11.5　习题 ·· 82

第十二讲　体积比较定理 ··· 83
12.1　相对体积比较定理 ··· 83

第一讲 黎 曼 度 量

黎曼几何起源于 Riemann 关于几何学基础的著名演讲. 在该演讲中, Riemann 提出了如下的观点: 首先, 几何学的研究对象应该是抽象的流形; 其次, 几何学的理论应该基于一些简单的定义. Riemann 认为, 在欧氏几何中, 把直线作为特殊的曲线加以考虑, 这在抽象的流形上并不可取; 他进一步认为, 所有的曲线长度都应该定义为切向量长度的积分. 也就是说, 只要能给每个切向量指定长度, 就可以定义曲线长度, 从而定义距离等概念, 进而发展出流形上的几何学.

在流形的每一点来看, 给切向量指定长度, 相当于在切空间上指定一个Minkowski 范数. Riemann 在演讲中指出, 比较一般的范数也是可以讨论的, 这就是近年来蓬勃发展的 Finsler 几何[3]. 但 Riemann 经过计算发现, 限定为欧氏范数, 将使计算更简便, 而所得结论相差不多 (这一观点事实上不完全正确). 现在, 我们就从这一基本的定义开始.

1.1 黎曼度量的定义

设 M 是连通的 m 维光滑流形 (本书中始终用 m 表示流形 M 的维数且 $m \geqslant 2$). 对于 $x \in M$, 用 $T_x M$ 表示 x 点的切空间. 用 $C^\infty(M)$ 表示 M 上光滑函数的全体, 用 $\mathfrak{X}(M)$ 表示 M 上光滑向量场的全体. 用 $T_s^r M$ 表示 M 上的 (r,s) 型张量丛, 其光滑截面, 就是 (r,s) 型张量场.

定义 1.1   流形 M 上, 一个对称的 $(0,2)$ 型张量场 g 如果是正定的, 即

$$g(X,X) \geqslant 0, \quad \forall X \in \mathfrak{X}(M),$$

且等号成立当且仅当 $X = 0$, 则称 g 是 M 上的 **黎曼度量**. 赋予黎曼度量 g 的流形 M 称为 **黎曼流形**, 记作 (M,g).

根据定义, 黎曼度量 g 在任意切空间 $T_x M$ 上的限制 (记作 $g|_{T_x M}$ 或 g_x), 就是 $T_x M$ 上的内积. 所以, 粗略地说, 给一个流形 M 指定黎曼度量, 相当于以一种光滑的方式为每个切空间指定内积. 也可以认为, 研究黎曼流形, 相当于研究一族欧氏空间 $(T_x M, g_x)$, 其中下标 x 跑遍一个光滑流形 M; 也就是说, 这族欧氏空间组织在一起的方式依赖于流形 M 的拓扑.

如果在 M 上取定局部标架场 $\{e_i\}$, 并设对偶的余标架场为 $\{\omega^i\}$, 则黎曼度量

g 有局部表达式

$$g = g_{ij}\omega^i \otimes \omega^j, \quad g_{ij} = g(e_i, e_j). \tag{1.1}$$

称矩阵 $\mathbf{g} = (g_{ij})$ 为黎曼度量 g 在标架场 $\{e_i\}$ 下的 **度量矩阵**. 事实上, 对任意一点 $x \in M$, $\{e_i(x)\}$ 都是切空间 T_xM 的一组基, $(g_{ij}(x))$ 就是内积 g_x 关于这组基的度量矩阵.

利用 Schmidt 正交化方法, 我们可以从局部标架场 $\{e_i\}$ 出发, 得到标准正交的标架场; 在标准正交标架场下, 度量矩阵为单位矩阵 (δ_{ij}).

定义 1.2   在黎曼流形 (M, g) 上, 对于每个切向量 $X \in T_xM$, 存在唯一的 $X^\flat \in T_x^*M$, 使得

$$X^\flat(Y) = g(X, Y), \quad \forall Y \in T_xM.$$

称 $\flat : T_xM \to T_x^*M$ 为 **降调同构**. 类似地, 对于每个余切向量 $\alpha \in T_x^*M$, 存在唯一的 $\alpha^\sharp \in T_xM$, 使得

$$g(\alpha^\sharp, Y) = \alpha(Y), \quad \forall Y \in T_xM.$$

称 $\sharp : T_x^*M \to T_xM$ 为 **升调同构**.

利用上述同构, 我们可以把切空间的内积搬到余切空间上, 即定义 $\alpha, \beta \in T_x^*M$ 的内积为

$$g(\alpha, \beta) = g(\alpha^\sharp, \beta^\sharp). \tag{1.2}$$

在流形上指定了黎曼度量之后, 我们就可以讨论一些几何对象的度量性质了. 例如, 光滑曲线 $\gamma : [a, b] \to M$ 的长度, 记作 $L(\gamma)$, 定义为切向量 $\dot{\gamma}(t)$ 长度的积分, 即

$$L(\gamma) = \int_a^b |\dot{\gamma}(t)| \, \mathrm{d}\, t.$$

当 M 是可定向流形时, 我们可以取与流形的定向相符的局部标架场 $\{e_i\}$, 其对偶余标架场为 $\{\omega^i\}$. 这时, 容易验证 (习题 1.4), m 形式

$$\sqrt{\det(g_{ij})}\, \omega^1 \wedge \omega^2 \wedge \cdots \wedge \omega^m$$

与这种标架场的选取无关, 称为 (M, g) 的 **体积形式**, 记作 $*1$.

1.2   黎曼流形的例子

现在我们来看一些黎曼流形的例子.

例 1.3   在 $\mathbb{R}^m$ 上取坐标系 $(x^1, \cdots, x^m)$, 则如下的 $(0, 2)$ 型张量场

$$\mathrm{d}\, x^1 \otimes \mathrm{d}\, x^1 + \cdots + \mathrm{d}\, x^m \otimes \mathrm{d}\, x^m$$

是正定的, 从而是 $\mathbb{R}^m$ 上的黎曼度量, 称为 $\mathbb{R}^m$ 上的欧氏度量, 也称为 $\mathbb{R}^m$ 上的标准度量. 通常将这个度量记作 $\langle \cdot, \cdot \rangle$. 对于向量场 $X = X^i \partial_i$ 和 $Y = Y^j \partial_j$(这里和以后, 如无特殊说明, 我们将 $\dfrac{\partial}{\partial x^i}$ 简写为 ∂_i), 有

$$\langle X, Y \rangle = \sum_{i=1}^m X^i Y^i.$$

赋予欧氏度量的实线性空间, 称为欧氏空间, 它是最简单的黎曼流形. 黎曼几何中的许多概念都是从欧氏空间自然延伸出来的.

上面这个例子显然可以推广为: 任取一个光滑地依赖于 $x = (x^1, \cdots, x^m)$ 的正定矩阵 $(g_{ij}(x))$, 则可在 $\mathbb{R}^m$ 上定义一个黎曼度量 $g = g_{ij}(x) \, \mathrm{d}\, x^i \otimes \mathrm{d}\, x^j$. 所以, $\mathbb{R}^m$ 上的黎曼度量是非常多的. 例如, 任取正值函数 $\rho(x)$, 则 $\left(\dfrac{1}{\rho(x)^2} \delta_{ij} \right)$ 是正定矩阵. 这时相应的黎曼度量称为 **共形平坦** 的.

例 1.4 设 $H^m = \{x \in \mathbb{R}^m \,|\, |x| < 1\}$. 在 H^m 上定义

$$g = \frac{4}{(1 - |x|^2)^2} \left(\mathrm{d}\, x^1 \otimes \mathrm{d}\, x^1 + \cdots + \mathrm{d}\, x^m \otimes \mathrm{d}\, x^m \right),$$

则 (H^m, g) 是黎曼流形, 称为 **双曲空间**.

例 1.5 记 S^m 为 $\mathbb{R}^{m+1}$ 中的单位球面, 即由方程 $|x|^2 = 1$ 所定义的超曲面 (这里用 $\langle , \rangle$ 表示 $\mathbb{R}^{m+1}$ 中的内积, $| |$ 表示向量长度). 利用球极投影, 我们可建立 S^m 上的局部坐标系. 具体地, 任取 $a \in S^m$, 设 $-a$ 为其对径点. 令 $U_+ = S^m \backslash \{a\}$, $U_- = S^m \backslash \{-a\}$, 则 $S^m = U_+ \cup U_-$. 分别定义 $\varphi_+ : U_+ \to a^\perp \simeq \mathbb{R}^m$ 和 $\varphi_- : U_- \to a^\perp \simeq \mathbb{R}^m$ 如下:

$$\varphi_+(x) = \frac{x - \langle x, a \rangle a}{1 - \langle x, a \rangle}, \quad \varphi_-(x) = \frac{x - \langle x, a \rangle a}{1 + \langle x, a \rangle}.$$

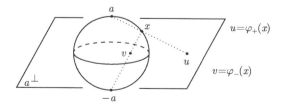

由上图不难看出, 在两个坐标系之间有转移函数

$$\varphi_- \circ \varphi_+^{-1}(u) = \frac{u}{|u|^2}, \quad \varphi_+ \circ \varphi_-^{-1}(v) = \frac{v}{|v|^2}, \quad \forall u, v \in a^\perp \backslash \{0\}.$$

显然上述转移函数都是光滑的. 因此, (U_+, φ_+) 与 (U_-, φ_-) 是光滑相容的. 现在, 我们在 U_+ 上定义黎曼度量

$$g_+ = \frac{4}{(1+|u|^2)^2} \left(\mathrm{d}\, u^1 \otimes \mathrm{d}\, u^1 + \cdots + \mathrm{d}\, u^m \otimes \mathrm{d}\, u^m \right),$$

同时在 U_- 上定义黎曼度量

$$g_- = \frac{4}{(1+|v|^2)^2} \left(\mathrm{d}\, v^1 \otimes \mathrm{d}\, v^1 + \cdots + \mathrm{d}\, v^m \otimes \mathrm{d}\, v^m \right).$$

容易验证, g_+ 与 g_- 在 $U_+ \cap U_-$ 上是重合的. 这两者合在一起, 就定义了 S^m 上的一个黎曼度量, 称为 S^m 上的标准度量.

　　一般地, 从流形的微分结构出发, 先在每个局部坐标系中定义黎曼度量, 再用恰当的方式将它们拼起来 (例如利用单位分解定理), 就可以证明: 每个光滑流形上都存在黎曼度量. 具体的论证细节可参考 [28] 或 [52].

　　例 1.6　设 (N, h) 为黎曼流形. 如果 $f: M \to N$ 是浸入映射, 则 f^*h 是 M 上的黎曼度量 (习题 1.2), 这个度量称为 M 上的诱导度量. 特别地, 如果 $f: M \to \mathbb{R}^{m+1}$ 是浸入超曲面, h 是 $\mathbb{R}^{m+1}$ 的欧氏度量, 则称 f^*h 为 M 的第一基本形式.

　　例如, 考虑浸入 $f: \mathbb{R}^m \to \mathbb{R}^{m+1}$ 如下

$$f(u^1, \cdots, u^m) = \left(\frac{|u|^2-1}{|u|^2+1}, \frac{2u^1}{|u|^2+1}, \cdots, \frac{2u^m}{|u|^2+1} \right),$$

则 $f(\mathbb{R}^m)$ 是单位球面 S^m 去掉一点, 即上一个例子中的 U_+. 计算可知 $f^*h = g_+$. 这就说明, S^m 上的标准度量, 恰好是将它自然浸入 $\mathbb{R}^{m+1}$ 时所获得的诱导度量.

　　例 1.7　如果 (M_1, g_1) 和 (M_2, g_2) 是两个黎曼流形, 则对于任一点 $(p_1, p_2) \in M_1 \times M_2$, 其切空间 $T_{(p_1, p_2)}(M_1 \times M_2)$ 同构于 $T_{p_1}M_1$ 与 $T_{p_2}M_2$ 的直和. 如果规定 $T_{p_1}M_1$ 与 $T_{p_2}M_2$ 是正交的, 则在 $T_{(p_1, p_2)}(M_1 \times M_2)$ 上就定义了一个内积, 从而在 $M_1 \times M_2$ 上定义了一个黎曼度量, 称为 **乘积度量**, 记作 $g_1 + g_2$. 赋予乘积度量 $g_1 + g_2$ 的流形 $M_1 \times M_2$ 称为 (M_1, g_1) 和 (M_2, g_2) 的 **黎曼直积**.

1.3　黎曼流形上的变换

　　定义 1.8　设 $f: (M, g) \to (N, h)$ 是黎曼流形之间的映射. 如果对任一点 $p \in M$, 存在 p 点邻域 U, 使得 f 是从 U 到 $f(U)$ 的微分同胚 (即 f 是局部微分同胚), 并且 $f^*h = g$, 则称 f 是 **局部等距**. 进一步, 如果 f 是微分同胚, 则称 f 是 **等距**.

例 1.9 设 M 为平面 $\mathbb{R}^2$, 标准度量为 g. 又设 N 为 $\mathbb{R}^3$ 中的圆柱面 $x^2 + y^2 = 1$, N 上的诱导度量为 h; 定义 $f : M \to N$ 如下

$$f(x, y) = (\cos x, \sin x, y),$$

则容易验证, f 是局部微分同胚, 且是局部等距.

例 1.10 设 A 是欧氏空间 $\mathbb{R}^{m+1}$ 的正交变换, 则容易证明 A 是 $\mathbb{R}^{m+1}$ 到自身的等距. 由于 A 将单位向量变为单位向量, 所以 A 也可看作 S^m 到自身的变换. 容易验证, A 也是 S^m 到自身的等距. 特别地, 在 S^m 上, 将一点映为其对径点的映射是等距.

例 1.11 设 S^m 是 m 维球面, $\mathbb{R}P^m$ 是 m 维实射影空间, 即

$$\mathbb{R}P^m = \{[v] \mid v \in \mathbb{R}^{m+1}, v \neq 0\},$$

其中 $[v] = \{k \cdot v \mid k \in \mathbb{R}, k \neq 0\}$. 由于 S^m 中任一点 p 可看作 $\mathbb{R}^m$ 中长度为 1 的向量, 所以用 $f(p) = [p]$ 可定义映射 $f : S^m \to \mathbb{R}P^m$. 容易验证, f 是覆叠映射, 所以是局部微分同胚.

进一步, 由于**覆叠变换** $p \mapsto -p$ 是 S^m 上的等距, 我们可在 $\mathbb{R}P^m$ 上定义黎曼度量, 使得 f 是局部等距 (习题 1.3).

在上面的例子中, 局部等距都是**覆叠映射**. 后面我们将证明 (定理 6.14), 在适当的条件下, 局部等距一定是覆叠映射.

从黎曼流形 (M, g) 到自身的所有等距自然地构成一个群, 称为它的 **等距群**. 可以证明, 黎曼流形的等距群一定是李群[28].

在欧氏几何中, 除了考虑等距变换, 还可以考虑相似变换. 相似变换有两个特点: 一是变换前后, 距离成比例; 二是变换前后, 角度保持不变. 后面这个特点并非相似所特有, 例如, 复平面的全纯映射都保持角度.

定义 1.12 设 f 是从黎曼流形 (M, g) 到自身的微分同胚. 如果存在常数 $c > 0$, 使得 $|f_* v| = c|v|$, $\forall v \in TM$, 则称 f 为 **相似变换**, 称 k 为 **相似比**.

由定义可知, f 是相似变换, 当且仅当 $f^* g = c^2 \cdot g$. 在流形 M 上, 两个黎曼度量如果仅相差一个常数倍, 则称它们是相似的. 所以, f 是相似变换, 当且仅当 $f^* g$ 与 g 是相似的.

定义 1.13 设 f 是从黎曼流形 (M, g) 到自身的微分同胚. 固定一点 $p \in M$, 如果对任意 $v, w \in T_p M$, 切向量 $f_* v$ 与 $f_* w$ 的夹角等于 v 与 w 的夹角, 则称 f 在 p 点是共形的 (或保角的). 如果 f 在每一点都是共形的, 则称 f 为 **共形变换**.

如果 f 在 p 点是共形的, 则对于非零切向量 $v, w \in T_p M$, 有

$$\frac{g(v, w)}{|v| \, |w|} = \frac{g(f_* v, f_* w)}{|f_* v| \, |f_* w|}.$$

固定 w, 并记 $\tilde{g} = f^*g$, $c = |w|^2/|f_*w|^2$, 则从上式可得

$$g(v,w)^2 \tilde{g}(v,v) = c\tilde{g}(v,w)^2 g(v,v).$$

注意两端都是关于 v 的四次齐次多项式, 且都能分解为两个一次因式和一个二次不可约因式的乘积. 因此, 这两个二次不可约因式相差一个常数倍, 即存在 (依赖于 p 点的) 常数 $\rho > 0$, 使得

$$\tilde{g}(v,v) = \rho^2 \cdot g(v,v), \quad \forall v \in T_pM.$$

换言之, $f^*g = \rho^2 \cdot g$. 容易看出, 这就是 f 在 p 点共形的充要条件.

　　命题 1.14　设 f 是黎曼流形 (M,g) 到自身的微分同胚. 则 f 是共形变换, 当且仅当存在正值函数 $\rho \in C^\infty(M)$, 使得 $f^*g = \rho^2 \cdot g$.

　　定义 1.15　对于流形 M 上的两个黎曼度量 g_1 和 g_2, 如果存在 $\rho \in C^\infty(M)$, 使得 $g_1 = \rho^2 \cdot g_2$, 则称 g_1 和 g_2 是共形的.

　　例 1.16　如果 f 是黎曼流形 (M,g) 的等距变换, 则对于任意正值函数 $\rho \in C^\infty(M)$, f 是共形度量 $h = \rho^2 \cdot g$ 的共形变换. 这是因为

$$f^*h = f^*\rho^2 \cdot f^*g = f^*\rho^2 \cdot g = (f^*\rho^2/\rho^2) \cdot h.$$

　　下面这个定理说明, 除了一些特殊的黎曼流形以外, 几乎所有的共形变换都只能以上面这个例子的形式产生.

　　定理 1.17　如果黎曼流形 (M,g) 不等距于 $\mathbb{R}^m$ 或 S^m, 则存在正值函数 ρ, 使得 (M,g) 的任意共形变换都是黎曼流形 $(M,\rho^2 \cdot g)$ 的等距变换.

　　这个定理通常称为共形 Lichnerowicz-Obata 猜想, D. Alekseevskii[1], J. Ferrand[17], M. Obata[36] 和 R. Schoen[40] 先后独立地在不同条件下给出了它的证明.

　　在欧氏几何中还可考虑仿射变换和射影变换. 但这两者都与直线的概念有关. 要在黎曼几何中定义 "直线", 通常需要用到联络的概念. 在下一讲, 我们就来介绍黎曼流形上的联络.

1.4　附　　注

　　由于这门课以微分流形作为先修课程, 不熟悉流形理论而希望快速了解相关知识的读者可以先看 [28] 的第一章. 要深入了解, 可以读 J. M. Lee 的 [30], 这本书非常厚, 但它对每一个细节的处理都非常漂亮. 此外, W. Boothby 的 [6] 也是非常好的选择, 它的插图不仅清晰, 而且数量很多. 当然, 中文的微分流形教材也很多. 陈维桓的 [51] 和李养成等的 [53] 都是广受赞誉的.

在这一讲提到的覆叠映射, 是拓扑学中非常重要的章节. 不熟悉此内容的读者可以阅读 [23] 或 [54], 这两者都是比较有几何味道的.

在 M. Spivak 的 [43] 第 II 卷中, 不仅收录了 Riemann 的演讲全文 (英译), 还收录了 Gauss 关于曲面论的经典文章.

M. Berger 的 [4] 是一本概览式的黎曼几何百科全书, 通过它我们可以了解到黎曼几何的各个方面. 尽管其中大多数结果都没有证明, 但参考文献非常全.

关于共形 Lichnerowicz-Obata 猜想, D. Aleksecvskii[1] 的证明虽然被发现有严重缺陷, 但只要有流形和李群的基础, 就能读懂大部分; J. Ferrand[17] 是第一个完整的证明, 只是很繁琐; R. Schoen[40] 给出的证明最为简单, 但不适合黎曼几何的初学者.

1.5　习　　题

1.1 如果在黎曼流形 M 上取局部标架场 $\{e_i\}$ 及其对偶 $\{\omega^i\}$, 黎曼度量 g 在此标架场下的度量矩阵为 (g_{ij}), 其逆矩阵为 (g^{ij}), 证明:

$$g(\omega^i, \omega^j) = g^{ij}.$$

因而, 1 形式 $\alpha = a_i \omega^i$ 和 $\beta = b_j \omega^j$ 的内积为 $g^{ij} a_i b_j$.

1.2 如果 (M, g) 是黎曼流形, $f: N \to M$ 为浸入, 证明: $f^* g$ 是 N 上的黎曼度量.

1.3 设 (M, g) 为黎曼流形, $\pi: M \to N$ 为覆叠映射. 如果覆叠变换都是等距, 证明在 N 上存在黎曼度量 h, 使得 $f^* h = g$.

1.4 设 $\{a_i\}$ 和 $\{b_i\}$ 是欧氏空间 V 的两组基, 且它们诱导相同的定向, 即这两组基之间的过渡矩阵行列式 > 0. 又设这两组基下的度量矩阵分别是 (g_{ij}) 和 (h_{ij}), 它们的对偶基分别为 $\{\alpha^i\}$ 和 $\{\beta^i\}$, 证明

$$\sqrt{\det(g_{ij})} \, \alpha^1 \wedge \cdots \wedge \alpha^m = \sqrt{\det(h_{ij})} \, \beta^1 \wedge \cdots \wedge \beta^m.$$

1.5 将 $\mathbb{R}^{2n+2}$ 等同于 $\mathbb{C}^{n+1}$, 则 $2n+1$ 维球面 S^{2n+1} 可看成 $\mathbb{C}^{n+1}$ 的子集, 即由方程

$$|z_0|^2 + |z_1|^2 + \cdots + |z_n|^2 = 1$$

所定义的超曲面. 证明: 任取模长为 1 的复数 ξ, 则如下映射

$$(z_0, z_1, \cdots, z_n) \mapsto (\xi z_0, \xi z_1, \cdots, \xi z_n)$$

是 S^{2n+1} 到自身的等距.

1.6 设 G 是紧李群. 证明 G 上存在一个黎曼度量 g, 使得左、右移动都是等距, 即

$$L_a^* g = g, \quad R_a^* g = g, \quad \forall a \in G.$$

这样的度量称为双不变的.

1.7 在集合 $M = \mathbb{R}^+ \times \mathbb{R}^n$ 上按如下方式定义乘法

$$(x_0, x) \circ (y_0, y) = (x_0 y_0, x + x_0 y),$$

证明 M 关于此乘法构成一个李群. 进一步, 在 M 上定义如下的黎曼度量

$$g = \frac{1}{(x_0)^2} (\mathrm{d}\, x_0 \otimes \mathrm{d}\, x_0 + \mathrm{d}\, x_1 \otimes \mathrm{d}\, x_1 + \cdots + \mathrm{d}\, x_n \otimes \mathrm{d}\, x_n),$$

证明 g 是左不变的, 即 $L_a^* g = g, \forall a \in M$.

1.8 证明上题中的黎曼流形 (M, g) 与双曲空间 H^{n+1} 等距.

第二讲　黎曼联络

E. B. Christoffel 于 1869 年发表了关于共变微分的有名文章, 其中引进了 Christoffel 记号. 他的学生 T. Levi-Civita 推广和发展了他的想法, 使得张量分析成为微分几何和广义相对论的有力工具. 张量分析, 指的就是对流形上的张量场进行微分. 这通常是用联络来完成的. 在这一讲, 我们就来介绍黎曼流形上的联络.

2.1　仿射联络

定义 2.1　在光滑流形 M 上, 映射 $D : \mathfrak{X}(M) \times \mathfrak{X}(M) \to \mathfrak{X}(M)$ 如果满足 (其中 $f \in C^\infty(M)$, $X, Y, Z \in \mathfrak{X}(M)$)

(1) $D_{X+Y}Z = f \cdot D_X Z + D_Y Z$;

(2) $D_{fX}Y = f \cdot D_X Y$;

(3) $D_X(Y + Z) = D_X Y + D_X Z$;

(4) $D_X(f \cdot Y) = X(f) \cdot Y + f \cdot D_X Y$,

则称 D 为 M 上的 **仿射联络**.

注意, 这里我们遵照传统将 $D(X, Y)$ 写成 $D_X Y$, 是为了显示 D 关于这两个分量的性质不同: 前两个条件表明, D 关于第一个分量是 $C^\infty(M)$ 线性的; 后两个条件表明, D 关于第二个分量只是实线性的, 其性质类似于导数.

现在, 设 D 是 M 上的仿射联络. 由于 $D_X Y$ 关于 X 是张量, 所以, 给定 Y 时, $D_X Y$ 在一点 p 处的值只与 $X(p)$ 有关. 下面的引理说明, 给定 $X(p)$, 则 $D_X Y$ 在 p 点的值只与 Y 在 p 点邻域的取值有关.

引理 2.2　设 U 为 M 中开集, 若向量场 Y_1, Y_2 满足 $Y_1|_U = Y_2|_U$, 则 $(D_X Y_1)|_U = (D_X Y_2)|_U$.

证明　令 $Y = Y_1 - Y_2$. 对于 U 中任一点 p, 我们取 p 点邻域 $V \subset U$, 则有光滑函数 f 使得 $f|_V \equiv 1$, $f|_{M-U} \equiv 0$. 这样 $f \cdot Y = 0$ 在 M 上处处成立. 我们有 $D_X(f \cdot Y) = 0$, 所以 $X(f) \cdot Y + f \cdot D_X Y = 0$. 限制在 p 点, 就有 $D_X Y = 0$, 即在 p 点有 $D_X Y_1 = D_X Y_2$ 成立. □

由局部性, 如果我们知道向量场 X, Y 在开集 U 上的取值, 则向量场 $D_X Y$ 在 U 上的取值也就确定了. 因此, 如果我们取 U 上的局部标架场 $\{e_i\}$, 则 $D_{e_i} e_j$ 是在

U 上定义的光滑向量场, 从而存在 U 上定义的光滑函数 Γ_{ji}^k, 使得

$$D_{e_i} e_j = \Gamma_{ji}^k e_k,$$

称这组函数 Γ_{ji}^k 为仿射联络 D 在标架场 $\{e_i\}$ 下的 联络系数.

利用联络系数, 我们可在局部上计算任意的 $D_X Y$. 事实上, 若 $X = X^i e_i$, $Y = Y^j e_j$, 则

$$\begin{aligned}
D_X Y &= D_{X^i e_i}(Y^j e_j) = X^i D_{e_i}(Y^j e_j) \\
&= X^i \cdot (e_i(Y^j) e_j + Y^j D_{e_i} e_j) \\
&= X^i \cdot (e_i(Y^k) e_k + Y^j \Gamma_{ji}^k e_k),
\end{aligned}$$

重新整理, 可得

$$D_X Y = (X(Y^k) + X^i Y^j \Gamma_{ji}^k) e_k. \tag{2.1}$$

由此可知, 要确定一个仿射联络 D, 只需要确定一组联络系数就可以了. 进一步, 上式还表明, $D_X Y$ 在一点 p 处的值依赖于 X, Y, Γ_{ji}^k 在 p 点的值, 还依赖于函数 Y^k 沿 $X(p)$ 方向的导数. 特别地, 如果 $X(p)$ 是某条曲线 γ 的切向量, $X(p) = \dot{\gamma}(0)$, 那么, 只要知道 Y 沿 γ 的取值, 则 $D_X Y$ 在 p 点的值就确定了. 这也说明, 如果 Y 是沿曲线 γ 定义的向量场, 则 $D_{\dot{\gamma}} Y$ 就是有意义的.

现在, 我们进一步把映射 D_X 的作用扩充到其他张量场上. 为此, 只要规定:

(1) 对于光滑函数 f, $D_X f = X(f)$;

(2) 对于 $(0, r)$ 型张量场 α, $D_X \alpha$ 仍然是 $(0, r)$ 型张量场, 且

$$\begin{aligned}
&(D_X \alpha)(Y_1, \cdots, Y_r) \\
&= X(\alpha(Y_1, \cdots, Y_r)) - \sum_i \alpha(Y_1, \cdots, D_X Y_i, \cdots, Y_r).
\end{aligned}$$

(3) 对于张量场 ξ 和 η, 有如下的 Leibniz 法则

$$D_X(\xi \otimes \eta) = D_X \xi \otimes \eta + \xi \otimes D_X \eta.$$

根据上述规则, 不难看出, D_X 保持张量场的类型不变: 对于 (r, s) 型张量场 σ, 称 $D_X \sigma$ 为 σ 沿 X 的 共变导数. 进一步, 对于 (r, s) 型张量场 σ, 我们定义 $D\sigma$ 为如下的 $(r, s+1)$ 型张量场

$$(D\sigma)(X, \cdots) = (D_X \sigma)(\cdots), \quad \forall X \in \mathfrak{X}(M).$$

称 $D\sigma$ 为 σ 的 共变微分. 如果张量场 σ 满足 $D\sigma = 0$, 则称 σ 关于联络 D 是平行的.

例 2.3   如果取局部标架场 $\{e_i\}$ 及其对偶 $\{\omega^i\}$, 则根据第 (2) 条规则

$$(D_{e_i}\omega^j)(e_k) = e_i(\omega^j(e_k)) - \omega^j(D_{e_i}e_k) = -\Gamma_{ki}^j,$$

这表明

$$D_{e_i}\omega^j = -\Gamma_{ki}^j\omega^k.$$

例 2.4   对于 $(1,1)$ 型张量场 $I = e_i \otimes \omega^i$ (它限制在每个切空间都是恒同变换), 有 $DI = 0$. 这是因为

$$D_{e_k}I = D_{e_k}e_i \otimes \omega^i + e_i \otimes D_{e_k}\omega^i$$
$$= \Gamma_{ik}^l e_l \otimes \omega^i - e_i \otimes \Gamma_{lk}^i\omega^l = 0.$$

例 2.5   对于 $(1,3)$ 型张量场 $R = R_k{}^l{}_{ij}\omega^k \otimes e_l \otimes \omega^i \otimes \omega^j$, 我们可根据 Leibniz 法则, 依次将 D_{e_p} 作用到 $R_k{}^l{}_{ij}$, ω^k, e_l, ω^i, ω^j 上, 从而得到

$$D_{e_p}R = R_k{}^l{}_{ij,p}\omega^k \otimes e_l \otimes \omega^i \otimes \omega^j,$$

其中

$$R_k{}^l{}_{ij,p} = e_p(R_k{}^l{}_{ij}) - R_h{}^l{}_{ij}\Gamma_{kp}^h + R_k{}^h{}_{ij}\Gamma_{hp}^l - R_k{}^l{}_{hj}\Gamma_{ip}^h - R_k{}^l{}_{ih}\Gamma_{jp}^h.$$

不难看出, $R_k{}^l{}_{ij,p}$ 就是张量场 DR 的分量.

2.2   Levi-Civita 联 络

定理 2.6(黎曼几何基本定理)   在黎曼流形 (M,g) 上, 存在唯一一个仿射联络 ∇, 使得下述两个条件同时成立:

(1) (无挠性) 对任意 $X, Y \in \mathfrak{X}(M)$, 有

$$\nabla_X Y - \nabla_Y X = [X, Y];$$

(2) (与度量相容性) 度量张量 g 关于 ∇ 是平行的, 即 $\nabla g = 0$; 也就是说, 对任意 $X, Y, Z \in \mathfrak{X}(M)$, 有 $(\nabla_X g)(Y, Z) = 0$, 也即

$$X(g(Y, Z)) - g(\nabla_X Y, Z) - g(Y, \nabla_X Z) = 0.$$

这个定理中描述的联络, 称为 **黎曼联络**, 或 Levi-Civita 联络.

证明   容易验证, 对任意仿射联络 ∇, 由

$$T(X, Y) = \nabla_X Y - \nabla_Y X - [X, Y]$$

定义的映射 $T : \mathfrak{X}(M) \times \mathfrak{X}(M) \to \mathfrak{X}(M)$ 是一个 $(1,2)$ 型张量场 (即它关于两个分量都是 $C^\infty(M)$ 线性的), 称为 挠率张量. 于是, 在局部上, 无挠性等价于 $T(e_i, e_j) = 0$. 特别地, 如果取 $\{e_i\}$ 为自然标架场, 则 $[e_i, e_j] = 0$, $D_{e_i}e_j - D_{e_j}e_i = 0$, 也即

$$\Gamma_{ji}^k - \Gamma_{ij}^k = 0. \tag{2.2}$$

注意 ∇g 也是张量, 所以与度量相容性也等价于 $(D_{e_k}g)(e_i, e_j) = 0$, 也即

$$e_k(g_{ij}) - g_{lj}\Gamma_{ik}^l - g_{il}\Gamma_{jk}^l = 0. \tag{2.3}$$

我们要证明的就是, 上述关于 Γ_{ij}^k 的线性方程组 (2.2) 和 (2.3) 存在唯一解. 为此, 记 $\Gamma_{jik} = g_{lj}\Gamma_{ik}^l$, 则 (2.2) 和 (2.3) 分别变为

$$\Gamma_{kji} = \Gamma_{kij}, \tag{2.4}$$

$$e_k(g_{ij}) = \Gamma_{jik} + \Gamma_{ijk}, \tag{2.5}$$

在 (2.5) 中轮换指标, 得到

$$e_i(g_{jk}) = \Gamma_{kji} + \Gamma_{jki},$$

$$e_j(g_{ki}) = \Gamma_{ikj} + \Gamma_{kij},$$

这两式相加, 再减去 (2.5), 就得到

$$e_i(g_{jk}) + e_j(g_{ki}) - e_k(g_{ij}) = 2\Gamma_{kij},$$

其中我们已用到了 (2.4). 记 (g_{ij}) 的逆矩阵为 (g^{ij}), 则上式与 g^{kl} 缩并可得

$$g^{kl}\big(e_i(g_{jk}) + e_j(g_{ki}) - e_k(g_{ij})\big) = 2\Gamma_{ij}^l.$$

验证可知, 由上式给出的 Γ_{ij}^l 确实满足 (2.2) 和 (2.3). 因此, 上述 Γ_{ij}^l 就是该方程组的唯一解.   □

注   在上述证明中获得的 Γ_{kij} 和 Γ_{ij}^k 的局部表达式, 通常称为第一种和第二种 Christoffel 记号.

由上述定理, 黎曼联络 ∇ 是由流形的微分结构和黎曼度量 g 唯一决定的. 所以, 等距保持黎曼联络, 即有

推论 2.7   如果 ∇ 和 D 分别是黎曼流形 (M, g) 和 (N, h) 的黎曼联络, 且 $f : (M, g) \to (N, h)$ 为等距, 则

$$f_*(\nabla_X Y) = D_{f_*X}(f_*Y), \quad \forall X, Y \in \mathfrak{X}(M).$$

2.3 联络形式

在计算联络时, 采用外微分通常可使计算简单.

设 ∇ 是黎曼流形 (M, g) 的黎曼联络. 任取局部标架场 $\{e_i\}$, 其对偶余标架场为 $\{\omega^i\}$. 设联络 ∇ 在此标架场下的联络系数为 Γ^i_{jk}, 即 $\nabla_{e_k} e_j = \Gamma^i_{jk} e_i$. 令 $\omega^i_j = \Gamma^i_{jk} \omega^k$, 称 ω^i_j 为联络 ∇ 在此标架场下的 联络形式.

命题 2.8 黎曼流形 (M, g) 的黎曼联络 ∇ 在标架场 $\{e_i\}$ 下的联络形式 ω^i_j 满足如下方程

$$\mathrm{d}\,\omega^i = \omega^j \wedge \omega^i_j, \tag{2.6}$$

$$\mathrm{d}\,g_{ij} = g_{il}\omega^l_j + g_{lj}\omega^l_i. \tag{2.7}$$

证明 由无挠性可知

$$[e_k, e_l] = \nabla_{e_k} e_l - \nabla_{e_l} e_k = (\Gamma^i_{lk} - \Gamma^i_{kl})e_i.$$

将它代入外微分求值公式

$$\mathrm{d}\,\omega^i(e_k, e_l) = e_k(\omega^i(e_l)) - e_l(\omega^i(e_k)) - \omega^i[e_k, e_l]$$

就得到

$$\mathrm{d}\,\omega^i(e_k, e_l) = -\omega^i[e_k, e_l] = \Gamma^i_{kl} - \Gamma^i_{lk}.$$

又直接计算可知

$$\omega^j \wedge \omega^i_j(e_k, e_l) = \omega^j(e_k)\omega^i_j(e_l) - \omega^j(e_l)\omega^i_j(e_k)$$
$$= \Gamma^i_{kl} - \Gamma^i_{lk}.$$

比较以上两个结果, 可知 $\mathrm{d}\,\omega^i = \omega^j \wedge \omega^i_j$.

又由与度量相容性 (2.3) 可得

$$e_k(g_{ij})\omega^k - g_{lj}\Gamma^l_{ik}\omega^k - g_{il}\Gamma^l_{jk}\omega^k = 0,$$

这也就是 $\mathrm{d}\,g_{ij} - g_{lj}\omega^l_i - g_{il}\omega^l_j = 0.$ □

注 从证明过程不难看出, 方程 (2.6) 等价于无挠性, 方程 (2.7) 等价于与度量相容性.

定理 2.9 在黎曼流形 (M, g) 上, 取局部余标架场 $\{\omega^i\}$, 设 $g = g_{ij}\omega^i \otimes \omega^j$, 则存在唯一一组 1 形式 $\{\omega^i_j\}$, 使得

$$\mathrm{d}\,\omega^i = \omega^j \wedge \omega^i_j, \quad \mathrm{d}\,g_{ij} = g_{il}\omega^l_j + g_{lj}\omega^l_i.$$

证明　设 $\omega^i_j = \Gamma^i_{jk}\omega^k$, 则 Γ^i_{jk} 可作为某个仿射联络 ∇ 的联络系数. 由命题 2.8 的证明过程可知, 上述两个方程分别等价于联络 ∇ 的无挠性和与度量相容性. 因此, 由黎曼几何基本定理知结论成立. □

如果引进矩阵记号, $\omega = (\omega^1, \cdots, \omega^n)$, $\mathrm{g} = (g_{ij})$, 以及

$$\theta = \begin{bmatrix} \omega^1_1 & \cdots & \omega^m_1 \\ \vdots & & \vdots \\ \omega^1_m & \cdots & \omega^m_m \end{bmatrix},$$

则上述两组方程分别可写为

$$\mathrm{d}\omega = \omega \wedge \theta, \quad \mathrm{d}\mathrm{g} = \theta\mathrm{g} + \mathrm{g}\theta^t.$$

特别地, 如果 ω^i 是标准正交余标架场, 则 g 是单位矩阵, 这时 $\theta = (\omega^i_j)$ 是反对称的. 这里和以后, 我们用 A^t 表示矩阵 A 的转置.

例 2.10　设 U 是 $\mathbb{R}^m$ 的开集. 取正值函数 $\rho : U \to \mathbb{R}^+$, 则可定义 U 上的共形平坦度量

$$g = \frac{1}{\rho^2}\delta_{ij}\,\mathrm{d}\,x^i \otimes \mathrm{d}\,x^j.$$

取标准正交余标架场 $\omega^i = \frac{1}{\rho}\,\mathrm{d}\,x^i$, 并记 $\rho_j = \partial_j(\rho)$, 则直接计算可得

$$\begin{aligned}\mathrm{d}\,\omega^i &= \mathrm{d}\,\frac{1}{\rho} \wedge \mathrm{d}\,x^i \\ &= -\frac{1}{\rho^2}\rho_j\,\mathrm{d}\,x^j \wedge \mathrm{d}\,x^i \\ &= -\rho_j\omega^j \wedge \omega^i,\end{aligned}$$

可见

$$\mathrm{d}\,\omega^i = \sum_j \omega^j \wedge (\rho_i\omega^j - \rho_j\omega^i).$$

其中 $(\rho_i\omega^j - \rho_j\omega^i)$ 构成反对称矩阵, 因此联络形式 $\omega^i_j = \rho_i\omega^j - \rho_j\omega^i$. 如果引进矩阵记号

$$\tau = (\rho_1, \cdots, \rho_m),$$

则联络形式构成的矩阵为 $\theta = (\omega^i_j) = \omega^t\tau - \tau^t\omega$.

2.4　附　注

将微分的概念从欧氏空间推广到黎曼流形经历了漫长的时间, 其中 Gauss 和 Riemann 的工作起到了主要的推动作用. 向量场沿曲线的平行移动, 主要是由 Levi-Civita 引进的; 将联络写为算子 ∇ 并公理化, 是由 Koszul 完成的; 在 E. Cartan 的观

念中, 联络则表现为一组微分形式. 这些都是联络概念的不同呈现方式, M. Spivak 所著 [43] 的第 II 卷介绍了联络概念的演进与发展, 读起来非常轻松且富有启发.

2.5　习　　题

2.1 设 ∇ 是黎曼流形 (M, g) 的黎曼联络, 证明如下的 Koszul 公式

$$
\begin{aligned}
2g(\nabla_X Y, Z) =& X(g(Y, Z)) + Y(g(Z, X)) \\
& - Z(g(X, Y)) + g([X, Y], Z) \\
& - g([Y, Z], X) + g([Z, X], Y).
\end{aligned}
$$

2.2 如果 f 是黎曼流形 (M, g) 上的相似变换, 证明 f 保持黎曼联络, 即对于光滑向量场 X, Y, 有

$$
f_*(\nabla_X Y) = \nabla_{f_* X}(f_* Y).
$$

2.3 如果 $\{\omega^i\}$ 是黎曼流形 (M, g) 的局部标准正交余标架场, 相应的联络形式为 $\{\omega^i_j\}$. 现在, 考虑共形的黎曼度量 $\tilde{g} = \mathrm{e}^{2\rho} g$, 其中 $\rho \in C^\infty(M)$. 如果令 $\tilde{\omega}^i = \mathrm{e}^{\rho} \cdot \omega^i$, 则 $\{\tilde{\omega}^i\}$ 是 $(M, \tilde{g})$ 的局部标准正交余标架场. 试计算此标架场下的联络形式 $\{\tilde{\omega}^i_j\}$.

2.4 在黎曼流形 (M, g) 上, 如果向量场 X 生成的 (局部) 流 $\varphi_t, t \in (-\varepsilon, \varepsilon)$ 是等距变换, 即 $\varphi_t^* g = g$, 则称 X 为 Killing 场 (或无穷小等距). 证明: X 是 Killing 场, 当且仅当

$$
g(\nabla_Y X, Z) + g(Y, \nabla_Z X) = 0, \quad \forall Y, Z \in \mathfrak{X}(M).
$$

第三讲　黎曼流形上的微分算子

这一讲的目的是将欧氏空间的一些微分算子, 如梯度、散度和 Laplace 算子, 推广到黎曼流形上.

3.1　梯度和散度

定义 3.1　对于 $f \in C^\infty(M)$, 令 ∇f 为满足如下方程的向量场

$$g(\nabla f, X) = \mathrm{d}f(X), \quad \forall X \in \mathfrak{X}(M),$$

称 ∇f 为函数 f 的 *梯度* 向量场.

根据上述定义, 如果 N 是 M 的正则子流形, 且 f 限制在 N 上为常值函数, 那么, 对于 N 的任一切向量 X, $\mathrm{d}f(X) = 0$. 因此梯度向量场 ∇f 与 N 处处正交. 这与欧氏空间中梯度的性质是一致的.

此外, 将上述定义与升调同构比较, 就能看出, ∇f 恰好等于 $(\mathrm{d}f)^\sharp$.

定义 3.2　对于 $X \in \mathfrak{X}(M)$, 令 $\mathrm{div}\, X$ 为 $(1,1)$ 型张量场 ∇X 的迹, 即

$$\mathrm{div}\, X = \mathrm{tr}(\nabla X) = \omega^i(\nabla_{e_i} X),$$

其中 $\{e_i\}$ 是任意标架场, $\{\omega^i\}$ 是其对偶. 称 $\mathrm{div}\, X$ 为向量场 X 的 *散度*.

下面这个引理解释了散度的几何意义: $\mathrm{div}\, X$ 衡量了体积形式沿 X 的变化率.

引理 3.3　若黎曼流形 (M, g) 的体积形式为 $*1$, 则对于光滑向量场 X 有 $L_X(*1) = \mathrm{div}\, X * 1$.

证明　如果取正定向的标准正交标架场 $\{e_i\}$, 设 $X = X^j e_j$, 则

$$\begin{aligned}
\mathrm{div}\, X &= \omega^i(\nabla_{e_i}(X^j e_j)) = \omega^i(e_i(X^j)e_j + X^j \Gamma_{ji}^k e_k) \\
&= e_i(X^i) + X^j \Gamma_{ji}^i.
\end{aligned}$$

利用 Cartan 公式 $L_X = \mathrm{d} \circ \iota_X + \iota_X \circ \mathrm{d}$, 并结合 $\mathrm{d}\omega^i = \omega^j \wedge \omega_j^i$, 我们可算得

$$L_X \omega^i = (e_k(X^i) + X^j \Gamma_{jk}^i - X^j \Gamma_{kj}^i)\omega^k.$$

注意由 (ω_j^i) 的反对称性, $\omega_i^i = 0$, 所以 $\Gamma_{ik}^i = 0$(其中 i 不是求和指标). 也就是说, 上式右端 ω^i 的系数是 $e_i(X^i) + X^j\Gamma_{ji}^i$ (其中 i 不是求和指标). 这样, 我们就得到

$$L_X(*1) = \sum_i \omega^1 \wedge \cdots \wedge L_X\omega^i \wedge \cdots \wedge \omega^m$$

$$= \sum_i (e_i(X^i) + X^j\Gamma_{ji}^i)\omega^1 \wedge \cdots \wedge \omega^m$$

$$= \operatorname{div} X * 1.$$

从而引理得证. □

定理 3.4(散度定理) 设 (M,g) 是紧致、无边、可定向的黎曼流形, 则对任意光滑向量场 X, 有

$$\int_M \operatorname{div} X * 1 = 0.$$

证明 令 $\theta = \iota_X(*1)$, 则有

$$\mathrm{d}\,\theta = \mathrm{d}(\iota_X(*1)) = L_X(*1),$$

其中用到 Cartan 公式 $L_X = \iota_X \circ \mathrm{d} + \mathrm{d} \circ \iota_X$. 再用引理 3.3, 就得到 $\mathrm{d}\,\theta = \operatorname{div} X * 1$. 因此, 由 Stokes 公式,

$$\int_M \operatorname{div} X * 1 = \int_M \mathrm{d}\,\theta = \int_{\partial M} \theta = 0.$$

定理得证. □

3.2 Laplace 算子和 Hessian 算子

定义 3.5 对于光滑函数 f, 令 $\Delta f = \operatorname{div}(\nabla f)$, 称 $\Delta : C^\infty(M) \to C^\infty(M)$ 为 M 上的 Beltrami-Laplace 算子.

由于 Beltrami-Laplace 算子就是梯度场的散度, 所以由散度定理可得

推论 3.6 设 (M,g) 是紧致、无边、可定向的黎曼流形, 则对任意光滑函数 f, 有 $\int_M \Delta f * 1 = 0$.

在欧氏空间, Laplace 算子还有另一个来源, 即 Hessian 算子的迹. 这也可推广到黎曼流形上.

定义 3.7 对于光滑函数 f, 令 $\operatorname{Hess} f = \nabla(\mathrm{d}\,f)$, 即

$$\operatorname{Hess} f(X,Y) = (\nabla_X(\mathrm{d}\,f))(Y)$$

$$= \nabla_X(\mathrm{d}\,f(Y)) - \mathrm{d}\,f(\nabla_X Y), \quad \forall X, Y \in \mathfrak{X}(M),$$

称 Hess 为 M 上的 Hessian 算子.

命题 3.8　对任意光滑函数 f, Hess f 是对称的二阶协变张量场, 即

$$\text{Hess } f(X,Y) = \text{Hess } f(Y,X).$$

证明　注意

$$\text{Hess } f(X,Y) = \nabla_X(\mathrm{d}\,f(Y)) - \mathrm{d}\,f(\nabla_X Y)$$
$$= X(Y(f)) - (\nabla_X Y)(f).$$

同理可得 Hess $f(Y,X) = Y(X(f)) - (\nabla_Y X)(f)$. 两者相减, 可知

$$\text{Hess } f(X,Y) - \text{Hess } f(Y,X)$$
$$= [X,Y](f) - (\nabla_X Y - \nabla_Y X)(f) = 0,$$

其中最后一个等号用到黎曼联络的无挠性. □

如果 T 是对称的二阶协变张量场, 我们可以利用度量张量 g 将它改写为一个 $(1,1)$ 型张量场, 记为 $T^\sharp$, 即

$$T(X,Y) = g(T^\sharp(X),Y), \quad \forall X,Y \in \mathfrak{X}(M).$$

在每个切空间 $T_x M$ 上看, 这个 $(1,1)$ 型张量 $T^\sharp$ 是对称的线性变换, 从而可讨论它的迹, 记作 $\text{tr}(T^\sharp)$ 或 $\text{tr}_g(T)$.

命题 3.9　对任意光滑函数 f, 其 Laplace 恰好等于 Hessian 的迹, 即 $\Delta f = \text{tr}_g(\text{Hess } f)$.

证明　记 $T = \text{Hess } f$, $Z = \nabla f$, 则等号左端的 Δf 是 $(1,1)$ 型张量场 ∇Z 的迹, 而等号右端是 $T^\sharp$ 的迹. 为证明二者相等, 只需证明 $T^\sharp = \nabla Z$.

事实上, 对任意向量场 X, Y, 有

$$g(T^\sharp(X),Y) = T(X,Y) = X(Y(f)) - (\nabla_X Y)(f).$$

同时

$$g(\nabla_X Z, Y) = X(g(Z,Y)) - g(Z, \nabla_X Y) = X(Y(f)) - (\nabla_X Y)(f).$$

以上两式比较, 即证得 $T^\sharp = \nabla Z$, 从而命题证毕. □

3.3　Hodge 理论

定义 3.10　在可定向黎曼流形 (M,g) 上, 对于 k 形式 β, 定义 $*\beta$ 为满足如下条件的 $(m-k)$ 形式

$$\alpha \wedge (*\beta) = g(\alpha,\beta) * 1, \quad \forall \alpha \in A^k(M).$$

其中 $g(\alpha, \beta)$ 为 k 形式间的内积; 当 $\alpha = \alpha_1 \wedge \cdots \wedge \alpha_k, \beta = \beta_1 \wedge \cdots \wedge \beta_k$, 即 α, β 为单项式时

$$g(\alpha, \beta) = \det(g(\alpha_i, \beta_j)).$$

称 $* : A^k(M) \to A^{m-k}(M)$ 为 Hodge 星算子或 Hodge 对偶算子.

例 3.11 如果取标准正交余标架场 ω^i, 使得 $*1 = \omega^1 \wedge \cdots \wedge \omega^m$, 则

$$*(\omega^{i_1} \wedge \cdots \wedge \omega^{i_k}) = \omega^{i_{k+1}} \wedge \cdots \wedge \omega^{i_n},$$

其中 $(i_1, i_2, \cdots, i_n)$ 是 $\{1, 2, \cdots, n\}$ 的一个偶排列.

例 3.12 对于 0 形式, 即光滑函数 f, 有 $*f = f * 1$. 这就是为什么我们把体积形式写为 $*1$.

命题 3.13 Hodge 星算子具有如下性质:

(1) $* * \eta = (-1)^{k(m-k)} \eta, \forall \eta \in A^k(M)$;

(2) $g(*\eta, *\psi) = g(\eta, \psi), \forall \eta, \psi \in A^k(M)$.

证明 (1) 由于 Hodge 星算子具有实线性性质, 只需对 $\eta = \omega^{i_1} \wedge \cdots \wedge \omega^{i_k}$ 的情形加以验证, 其中 ω^i 是标准正交标架场. 这时由例 3.11 容易看出, $* * \eta$ 与 η 仅相差一个符号, 且该符号取决于排列 $(k+1, \cdots, n, 1, \cdots, k)$ 的奇偶性.

(2) 这是由于

$$g(*\eta, *\psi) * 1 = *\eta \wedge (* * \psi) = (-1)^{k(m-k)} * \eta \wedge \psi = \psi \wedge *\eta = g(\psi, \eta) * 1. \qquad \square$$

当 M 是可定向、紧致、无边流形时, 我们还可在实线性空间 $A^k(M)$ 上另外定义一个内积 $(\,,\,)$ 如下

$$(\eta, \psi) = \int_M g(\eta, \psi) * 1, \quad \forall \eta, \psi \in A^k(M).$$

定义 3.14 令 $\delta = (-1)^{mk+1} * \circ \mathrm{d} \circ * : A^{k+1}(M) \to A^k(M)$, 称 δ 为 **余微分算子**.

命题 3.15 在可定向、紧致、无边的黎曼流形 (M, g) 上, 外微分 d 与余微分 δ 关于内积 $(\,,\,)$ 是共轭的线性映射, 即

$$(\mathrm{d}\varphi, \psi) = (\varphi, \delta\psi), \quad \varphi \in A^k(M), \psi \in A^{k+1}(M).$$

证明 注意, 对于 $(k+1)$ 形式 ψ, 有

$$*(\delta\psi) = (-1)^{mk+1} * *(\mathrm{d}(*\psi)) = (-1)^{k+1} \mathrm{d}(*\psi).$$

利用这一结果, 我们可算得

$$\mathrm{d}(\varphi \wedge *\psi) = \mathrm{d}\varphi \wedge *\psi + (-1)^k \varphi \wedge \mathrm{d}(*\psi)$$

$$= \mathrm{d}\varphi \wedge *\psi - \varphi \wedge *(\delta\psi),$$

上式两端积分, 并利用 Stokes 公式, 可得

$$
\begin{aligned}
0 &= \int_M \mathrm{d}\,\varphi \wedge *\psi - \int_M \varphi \wedge *(\delta\psi) \\
&= \int_M g(\mathrm{d}\,\varphi, \psi) * 1 - \int_M g(\varphi, \delta\psi) * 1 \\
&= (\mathrm{d}\,\varphi, \psi) - (\varphi, \delta\psi).
\end{aligned}
$$

因此 $(\mathrm{d}\,\varphi, \psi) = (\varphi, \delta\psi)$, 证毕. $\qquad\qquad\qquad\qquad\qquad\qquad\qquad\square$

定义 3.16   令 $\tilde{\Delta} = \mathrm{d}\circ\delta + \delta\circ\mathrm{d}$, 称 $\tilde{\Delta}: A^r(M) \to A^r(M)$ 为 Hodge-Laplace 算子. 如果 r 形式 ω 满足 $\tilde{\Delta}\omega = 0$, 则称为 调和微分形式.

命题 3.17   Hodge-Laplace 算子具有如下性质:

(1) 对于 0 形式 $f \in C^\infty(M)$, $\tilde{\Delta}f = -\Delta f$;

(2) $\forall \omega, \eta \in A^k(M)$, $(\omega, \tilde{\Delta}\eta) = (\tilde{\Delta}\omega, \eta)$, 即 $\tilde{\Delta}$ 是自共轭的;

(3) $(\tilde{\Delta}\omega, \omega) = |\mathrm{d}\,\omega|^2 + |\delta\omega|^2$, 即 $\tilde{\Delta}$ 是半正定的.

证明   (1) 因为 $\mathrm{d}*f = 0$, 所以 $\delta f = -*\mathrm{d}*f = 0$. 由 Hodge-Laplace 的定义可知 $\tilde{\Delta}f = \delta\,\mathrm{d}\,f = -*\mathrm{d}*\mathrm{d}\,f$. 现在, 取局部标准正交标架场 $\{e_i\}$ 及对偶 $\{\omega^i\}$, 设相应的联络系数为 Γ^i_{jk}. 记

$$
\theta^i = *\omega^i = (-1)^{i-1}\omega^1 \wedge \cdots \wedge \widehat{\omega^i} \wedge \cdots \wedge \omega^m,
$$

直接计算可知 (参考引理 3.3 的证明)

$$
\mathrm{d}\,\theta^i = -\Gamma^j_{ij} * 1.
$$

又记 $f_i = e_i(f)$, 则有

$$
\begin{aligned}
\mathrm{d}\,f &= f_i\omega^i, \\
*\mathrm{d}\,f &= f_i\theta^i, \\
\mathrm{d}*\mathrm{d}\,f &= \mathrm{d}\,f_i \wedge \theta^i + f_i\,\mathrm{d}\,\theta^i = \sum (e_i(f_i) - f_i\Gamma^j_{ij}) * 1.
\end{aligned}
$$

由此可见 $\mathrm{d}*\mathrm{d}\,f = \Delta f * 1$, 从而 (1) 得证.

(2) 只需注意到

$$
(\tilde{\Delta}\omega, \eta) = (\mathrm{d}\,\delta\omega + \delta\,\mathrm{d}\,\omega, \eta) = (\delta\omega, \delta\eta) + (\mathrm{d}\,\omega, \mathrm{d}\,\eta). \tag{3.1}
$$

(3) 在 (3.1) 式中取 $\eta = \omega$, 即证. $\qquad\qquad\qquad\qquad\qquad\qquad\qquad\qquad\square$

利用上述第 (3) 条性质, 可得到

推论 3.18 $\tilde{\Delta}\omega = 0$ 当且仅当 $\mathrm{d}\,\omega = 0, \delta\omega = 0$.

由这个推论可知, 调和微分形式一定是闭形式. 对于 k 次闭形式 α, 我们记它所属的上同调类为

$$[\alpha] = \{\alpha + \mathrm{d}\,\beta \,|\, \beta \in A^{k-1}(M)\},$$

熟知, M 的 k 阶 de Rham 上同调群 $H^k(M)$ 定义为所有 k 次上同调类构成的集合

$$H^k(M) = \{[\alpha] \,|\, \alpha \in A^k(M), \mathrm{d}\,\alpha = 0\}.$$

现在设 $\alpha_0 \in [\alpha]$. 注意当 t 为实数时

$$|\alpha_0 + t\,\mathrm{d}\,\beta|^2 = |\alpha_0|^2 + 2t(\alpha_0, \mathrm{d}\,\beta) + t^2|\mathrm{d}\,\beta|^2,$$

可见在上同调类 $[\alpha]$ 中, 如果 α_0 是模长最小的元素, 则上式在 $t = 0$ 时取最小值, 从而 α_0 一定满足

$$(\alpha_0, \mathrm{d}\,\beta) = 0, \quad \forall \beta \in A^{k-1}(M),$$

从而 $\delta\alpha_0 = 0$, 结合推论 3.18 可知, α_0 是调和的. 下面的定理说明, 在每一上同调类中, 这种模长最小的调和微分形式是存在且唯一的.

定理 3.19(Hodge) *若 M 是可定向、紧致、无边的黎曼流形, 则对于每一上同调类 $[\alpha] \in H^k(M)$, 存在唯一的 k 形式 $\theta \in [\alpha]$, 使得 $\tilde{\Delta}\theta = 0$.*

证明 存在性: 注意 $\mathrm{d} : A^{k-1}(M) \to A^k(M)$ 是 Hilbert 空间之间的实线性映射, 其共轭映射为 $\delta : A^k(M) \to A^{k-1}(M)$. 于是有正交直和分解 (这个分解在有限维情形是线性代数的熟知结论, 目前的情形可参考 [39, §31])

$$A^k(M) = \mathrm{im}(\mathrm{d}) \oplus \ker(\delta).$$

现在, 若 $\omega \in [\alpha]$, 则有分解

$$\omega = \mathrm{d}\,\beta + \theta,$$

其中 $\delta\theta = 0$. 结合 $\mathrm{d}\omega = 0$ 可得 $\mathrm{d}\theta = 0$. 从而 $\theta \in [\alpha]$ 且是调和的.

唯一性: 若 $\theta_1, \theta_2 \in [\alpha]$, 则 $\xi = \theta_1 - \theta_2$ 是恰当的. 设 $\xi = \mathrm{d}\,\eta$. 若 θ_1, θ_2 都是调和的, 则 ξ 也是调和的, 从而 $\delta\xi = 0$, 即 $\delta\,\mathrm{d}\,\eta = 0$. 从而

$$(\xi, \xi) = (\mathrm{d}\,\eta, \mathrm{d}\,\eta) = (\eta, \delta\,\mathrm{d}\,\eta) = 0,$$

即 $\xi = 0$. 这就证明了 $\theta_1 = \theta_2$. □

3.4   附   注

W. Hodge 对他的定理的证明有一处严重的漏洞, H. Weyl 使用高超的技巧弥补了这一漏洞. 但对于 Hodge 理论, 最被广泛接受的处理方法应属于 G. de Rham[39]. 此外, C. B. Morrey[35] 应用变分方法给出了一种简单的证明; A. N. Milgram 和 P. C. Rosenbloom[33] 应用热方程也给出了一种证法.

3.5   习   题

3.1 设黎曼度量 g 在自然标架场 $\{\partial_i\}$ 下的度量矩阵为 (g_{ij}). 记 $u = \sqrt{\det(g_{ij})}$, 证明 $\partial_k(\ln u) = \Gamma^i_{ki}$, 并由此证明

$$\Delta f = \frac{1}{u}\frac{\partial(ug^{kl}f_l)}{\partial x^k},$$

其中 (g^{kl}) 是 (g_{ij}) 的逆矩阵, $f_l = \partial_l f$.

3.2 若 $\{e_i\}$ 是局部标准正交标架场, 则

$$\delta\theta = -\sum_j \iota_{e_j}\nabla_{e_j}\theta, \quad \forall\theta \in A^k(M).$$

3.3 证明 Hodge 星算子与 Hodge-Laplace 算子可交换, 即 $*\tilde{\Delta}\eta = \tilde{\Delta}*\eta$, $\forall\eta \in A^k(M)$.

3.4 设 (M, g) 是紧致、无边、可定向的黎曼流形, X 是 Killing 场, ω 是调和微分形式. 证明 $L_X\omega$ 仍是调和微分形式, 进而证明 $L_X\omega = 0$.

第四讲 平行移动和测地线

在黎曼流形 (M, g) 上, 向量场 X 如果满足 $\nabla X = 0$, 则称为平行的. 例如欧氏空间的常向量场就是平行的, 它生成的流就是平移. 在大多数黎曼流形上, 平行的向量场并不存在. 但是, 沿着某条曲线平行的向量场则总可以保证存在. 这一现象也可以解释为沿着曲线的平行移动, 它是联络的直观解释.

4.1 平 行 移 动

定义 4.1 设 $\gamma : [a, b] \to M$ 是光滑曲线, X 是沿 γ 定义的向量场, 若 $\nabla_{\dot\gamma} X = 0$, 则称 X 沿 γ 是 平行 的.

在局部坐标系 (x^i) 中, 设 γ 可表示为

$$t \mapsto (\gamma^1(t), \cdots, \gamma^m(t)),$$

则其切向量场为

$$\dot\gamma(t) = \dot\gamma^i(t) \partial_i|_{\gamma(t)}.$$

又设向量场 X 的局部坐标表示为

$$X(t) = X|_{\gamma(t)} = \hat{X}^i(\gamma(t)) \partial_i|_{\gamma(t)} = X^i(t) \partial_i|_{\gamma(t)}.$$

那么, $\nabla_{\dot\gamma} X$ 的局部坐标表示是 (参考 (2.1) 式)

$$\begin{aligned}
\nabla_{\dot\gamma} X &= (\dot\gamma(\hat{X}^k) + \dot\gamma^i \hat{X}^j \Gamma^k_{ji}) \partial_k \\
&= (\dot{X}^k + \dot\gamma^i X^j \Gamma^k_{ji}) \partial_k.
\end{aligned}$$

其中 Γ^k_{ji} 是联络系数. 因此, X 沿 γ 是平行的, 当且仅当 (X^i) 满足如下方程组

$$\dot{X}^k(t) + \dot\gamma^i(t) X^j(t) \Gamma^k_{ji}(\gamma(t)) = 0. \tag{4.1}$$

例 4.2 对于欧氏空间 $\mathbb{R}^m$, 在自然标架场下联络系数全为零. 因此, 由上式可知, 平行向量场就是常向量场.

引理 4.3 在黎曼流形 (M, g) 上, 给定光滑曲线 $\gamma : [a, b] \to M$, 则对任意给定的 $s \in [a, b]$ 和 $v \in T_{\gamma(s)} M$, 存在唯一的沿 γ 平行的向量场 X, 使得 $X(s) = v$. 特别地, 当 $v = 0$ 时, $X \equiv 0$.

证明　首先考虑 γ 完整地落在某个局部坐标系 (x^i) 内的情形. 这时, 由于 (4.1) 是关于 (X^i) 的一阶齐次线性常微分方程组, 所以相应的初值问题总在 $[a,b]$ 上存在唯一解, 且解 X^i 是光滑的.

在一般情形, 由于 $[a,b]$ 是紧集, 所以 γ 可被有限个坐标邻域覆盖; 于是, 在每个坐标邻域应用上述结论, 即证明了整体的存在唯一性.　　　　　　　　　　$\square$

注意 (4.1) 是齐次线性方程, 可知它的解 (X^i) 构成实线性空间. 当然, 从定义可以更明显地看到这一点: 当 X, Y 都是沿 γ 平行的向量场时, 它们的任意实线性组合 $kX + lY$ 也是沿 γ 平行的向量场. 因此, 对任意给定的 $s, t \in [a, b]$, 将 $X(s)$ 映到 $X(t)$ 的映射 $P_s^t : T_{\gamma(s)}M \to T_{\gamma(t)}M$ 是线性映射. 此外, 由于 $\ker P_s^t = \{0\}$, 可知 P_s^t 是线性空间的同构. 称 P_s^t 为沿 γ 的 **平行移动**.

命题 4.4　*若 X, Y 是沿 γ 平行的向量场, 则 $g(X, Y)$ 沿 γ 为常数. 因此, 平行移动 P_s^t 是欧氏空间之间的同构.*

证明　注意 $\dot\gamma(g(X, Y)) = g(\nabla_{\dot\gamma}X, Y) + g(X, \nabla_{\dot\gamma}Y) = 0$, 所以 $g(X, Y)$ 沿 γ 为常数.　　　　　　　　　　$\square$

下面这个命题用平行移动解释了共变导数的几何意义.

命题 4.5　*设 $\gamma : [a, b] \to M$ 是黎曼流形 (M, g) 上的光滑曲线, P_s^t 是沿 γ 的平行移动, 则对任意沿 γ 定义的光滑向量场 X, 有*

$$\nabla_{\dot\gamma(t)}X = \lim_{\varepsilon \to 0} \frac{1}{\varepsilon}\big\{ P_{t+\varepsilon}^t(X|_{\gamma(t+\varepsilon)}) - X|_{\gamma(t)} \big\}. \tag{4.2}$$

证明　取 $T_{\gamma(a)}M$ 的一组基 $\{e_i(a)\}$. 将 $e_i(a)$ 沿 γ 平行移动, 得到沿 γ 平行的向量场 $e_i(t)$, $t \in [a, b]$. 由于平行移动是线性同构, 所以 $\{e_i(t)\}$ 是 $T_{\gamma(t)}M$ 的一组基. 现在, 设 $X|_{\gamma(t)} = X^i(t)e_i(t)$, 则

$$\nabla_{\dot\gamma}X = \dot\gamma(X^i)e_i + X^i\nabla_{\dot\gamma}e_i = \dot{X}^i e_i,$$

其中 $\dot{X}^i$ 表示 X^i 对 t 的导数.

又由于 $P_{t+\varepsilon}^t(e_i(t+\varepsilon)) = e_i(t)$, 所以 $P_{t+\varepsilon}^t(X|_{\gamma(t+\varepsilon)}) = X^i(t+\varepsilon)e_i(t)$. 因此 (4.2) 式右端也等于 $\dot{X}^i e_i$.　　　　　　　　　　$\square$

这个命题表明, 通过平行移动将邻近的 $X|_{\gamma(t+\varepsilon)}$ 搬到 $\gamma(t)$ 处, 我们在 $T_{\gamma(t)}M$ 上获得一条曲线 $\varepsilon \mapsto P_{t+\varepsilon}^t(X|_{\gamma(t+\varepsilon)})$. 这时 $\nabla_{\dot\gamma(t)}X$ 就是这条曲线在 $\varepsilon = 0$ 时的切向量 (见下图).

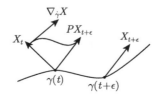

定义 4.6 设 $\gamma : [a,b] \to M$ 为连续曲线. 如果存在 $[a,b]$ 的一个划分 $a = t_0 < t_1 < \cdots < t_r = b$, 使得 $\gamma|_{[t_{i-1},t_i]}$ 是光滑的, $1 \leqslant i \leqslant r$, 则称 γ 是 M 上的 分段光滑曲线.

对于分段光滑曲线 γ, 如果 $X_a \in T_{\gamma(a)}M$, 我们将它沿 $\gamma|_{[t_0,t_1]}$ 平行移动, 得到 X_{t_1}; 再将 X_{t_1} 沿着 $\gamma|_{[t_1,t_2]}$ 平行移动, 得到 X_{t_2}; 如此继续, 就得到沿 γ 平行的向量场 X.

特别地, 如果 $\gamma : [a,b] \to M$ 是分段光滑的闭曲线, $\gamma(a) = \gamma(b) = x$, 则平行移动 P_a^b 是切空间 T_xM 的正交变换, 记作 P_γ.

定义 4.7 固定 $x \in M$, 以 x 为基点的所有分段光滑闭曲线 γ 的同伦类构成基本群 $\pi_1(M,x)$. 当 γ 取遍所有以 x 为基点的分段光滑闭曲线时, 沿 γ 的平行移动 P_γ 构成一个群, 称为以 x 为基点的 和乐群, 记作 $\mathrm{Hol}(x)$.

由于 P_γ 是正交变换, 所以 $\mathrm{Hol}(x) \subset O(m)$.

4.2 测 地 线

定义 4.8 若光滑曲线 $\gamma : (a,b) \to M$ 满足 $D_{\dot\gamma}\dot\gamma = 0$, 即切向量场 $\dot\gamma$ 沿 γ 是平行的, 则称 γ 为 测地线.

如果取局部坐标系 (x^i), 设黎曼联络 ∇ 在自然标架场 $\{\partial_i\}$ 下的联络系数为 Γ_{jk}^i, 又设曲线 γ 的局部坐标表示为 $(\gamma^1(t), \cdots, \gamma^m(t))$, 则方程 $\nabla_{\dot\gamma}\dot\gamma = 0$ 在局部可写为 (参考 (4.1) 式)

$$\ddot\gamma^i + \Gamma_{jk}^i \dot\gamma^j \dot\gamma^k = 0. \tag{4.3}$$

例 4.9($\mathbb{R}^m$ 中的测地线) 在 $\mathbb{R}^m$ 中, 如果取自然标架场 $\{\partial_i\}$, 则联络系数全为 0. 这时测地线方程成为 $\ddot\gamma^i = 0$, 即 γ^i 为一次函数. 所以 $\gamma(t) = a + tb$, 其中 a, $b \in \mathbb{R}^m$. 换言之, $\mathbb{R}^m$ 中的测地线就是通常的直线.

引理 4.10(局部存在唯一性) 在黎曼流形 (M,g) 上, 任取 $p \in M$, $v \in T_pM$, 存在 $\varepsilon > 0$, 使得有唯一的测地线 $\gamma : (-\varepsilon, \varepsilon) \to M$ 满足 $\gamma(0) = p$, $\dot\gamma(0) = v$.

证明 取 p 点为中心的坐标系 (x^i), 设 $v = v^i \partial_i|_p$, 则 γ 是测地线当且仅当它满足方程组 (4.3), $\gamma(0) = p$ 当且仅当 $\gamma^i(0) = 0$, $\dot\gamma(0) = v$ 当且仅当 $\dot\gamma^i(0) = v^i$. 记 $\psi^i(t) = \dot\gamma^i(t)$, 则上述方程组等价于如下关于 $\gamma^i(t)$, $\psi^i(t)$ 的常微分方程组

$$\dot\gamma^i = \psi^i, \quad \dot\psi^i = -\Gamma_{jk}^i(\gamma(t))\psi^j\psi^k, \tag{4.4}$$

并有初值条件 $\gamma^i(0) = 0$, $\psi^i(0) = v^i$. 由一阶常微分方程组初值问题解的存在唯一性定理, 上述方程组在某个开区间 $(-\varepsilon, \varepsilon)$ 上存在唯一的光滑解. $\square$

注　如果取切丛 TM 上的自然坐标系 (x^i, y^i), 并在 TM 上定义向量场

$$\xi = y^i \partial_{x^i} - 2G^i \partial_{y^i},$$

其中 $G^i = \dfrac{1}{2}\Gamma^i_{jk}(x)y^j y^k$, 则方程组 (4.4) 表明, 曲线 (γ, ψ) 是向量场 ξ 的积分曲线. 因此, 黎曼流形 (M, g) 的测地线, 就是 TM 上 ξ 的积分曲线在 M 上的投影. 通常, 称 ξ 生成的流为 **测地流**.

以后, 我们提到测地线时, 如果没有特别说明, 总是假定它的定义区间是尽可能大的, 也称为**极大测地线**.

由命题 4.4 可知, 测地线 γ 的切向量场 $\dot{\gamma}$ 的长度为常数. 如果测地线 γ 满足 $|\dot{\gamma}| = 1$, 则称 γ 为单位测地线, 这时 γ 的参数称为弧长参数. 下面的引理说明, 测地线 γ 的参数只能是弧长参数的一次函数.

引理 4.11　设 $\gamma : (a, b) \to M$ 为测地线, $s : (c, d) \to (a, b)$ 是光滑同胚, 如果 $\gamma \circ s : (c, d) \to M$ 也是测地线, 则 s 是一次函数.

证明　记 $\sigma = \gamma \circ s$, 则 $\sigma'(t) = s'(t) \cdot \gamma'(s(t))$. 我们有

$$\nabla_{\sigma'}\sigma' = \nabla_{\sigma'}(s'\gamma') = (\sigma')(s') \cdot \gamma' + s' \cdot \nabla_{\sigma'}\gamma'$$
$$= s'' \cdot \gamma' + (s')^2 \nabla_{\gamma'}\gamma'.$$

因此, 如果 γ 和 σ 都是测地线, 则 $s'' = 0$. □

定义 4.12　设 f 是从黎曼流形 (M, g) 到自身的微分同胚 (这样的 f 也称为 M 上的变换). 如果 f 将任意测地线仍变成测地线, 则称 f 是 **仿射变换**.

例 4.13　$\mathbb{R}^m$ 中的测地线形如

$$\gamma(t) = a + tb, \quad t \in \mathbb{R},$$

其中 $a, b \in \mathbb{R}^m$. 如果 A 是可逆线性变换, 则 $A \circ \gamma(t) = Aa + tAb$ 仍然是测地线. 所以 A 是仿射变换.

命题 4.14　设 f 是黎曼流形 (M, g) 上的变换. 则以下条件两两等价:

(1) f 是仿射变换;

(2) f 保持黎曼联络, 即

$$f_*(\nabla_X Y) = \nabla_{f_* X}(f_* Y), \quad \forall X, Y \in \mathfrak{X}(M);$$

(3) f 保持平行性, 即若 Y 是沿曲线 γ 平行的向量场, 则 $f_* Y$ 是沿曲线 $f \circ \gamma$ 平行的向量场.

证明　(1)$\Longrightarrow$(2). 令 $T(X, Y) = \nabla_X Y - f_*^{-1}\nabla_{f_* X}(f_* Y)$, 易知 T 是一个张量. 任取切向量 v, 都有测地线 γ, 使得 $\dot{\gamma}(0) = v$. 所以, 当 f 为仿射变换时, 有

$T(v, v) = 0$. 这意味着对任意向量场 X, 有 $T(X, X) = 0$. 也就是说, T 是反对称张量, $T(X, Y) = -T(Y, X)$. 又由 ∇ 的无挠性可知 $T(X, Y) = T(Y, X)$, 因此 $T = 0$.

(2)$\Longrightarrow$(3). 当 $\nabla_{\dot\gamma} Y = 0$ 时, 显然有 $\nabla_{f_*\dot\gamma}(f_* Y) = 0$.

(3)$\Longrightarrow$(1). 取 $Y = \dot\gamma$ 即证. $\qquad\qquad\qquad\qquad\qquad\qquad\qquad\square$

注 命题中第 (2) 个条件也可说成: 两个黎曼度量 g 和 $f^* g$ 的黎曼联络相同. 第 (3) 个条件也可说成: f_* 与平行移动可交换.

结合第二讲习题 2.2 就得到

推论 4.15 相似变换是仿射变换.

4.3 射 影 变 换

在平面射影几何中, 将直线仍变为直线的变换称为射影变换. 这个概念现在可以推广到黎曼流形.

定义 4.16 设 f 是从黎曼流形 (M, g) 到自身的微分同胚. 如果对于任意测地线 γ, 曲线 $f \circ \gamma$ 经过重新参数化之后仍然是测地线, 则称 f 是 **射影变换**.

为了提供一些射影变换的例子, 我们引进如下概念.

定义 4.17 设 N 是黎曼流形 (M, g) 的正则子流形. 如果对任一切向量 $v \in T_x N \subset T_x M$, 满足 $\gamma(0) = x$, $\dot\gamma(0) = v$ 的极大测地线 γ 作为点集包含在 N 中, 则称 N 为 **全测地子流形**.

从定义立即得到, 两个全测地子流形的交集, 仍是若干个互不相交的全测地子流形的并集.

定理 4.18(Kobayashi) **若 $f : (M, g) \to (M, g)$ 是等距, 则 f 的不动点构成的集合是若干个彼此不相交的全测地子流形的并集.**

证明 在 f 的不动点构成的集合中, 任取一个连通分支 N. 设 $x \in N$. 这时, 切映射 f_{*x} 是欧氏空间 $T_x M$ 的正交变换. 于是有不变子空间分解

$$T_x M = R_1 \oplus \cdots \oplus R_r \oplus E_{-1} \oplus E_1,$$

其中 R_i 是 2 维子空间, f_{*x} 限制在 R_i 上是旋转变换, $1 \leqslant i \leqslant r$; 而 E_{-1}, E_1 分别是属于特征值 -1 和 1 的特征子空间.

当 $\dim E_1 = 0$ 时, x 是 f 的孤立不动点, 这时结论是平凡的.

当 $\dim E_1 > 0$ 时, 对于任意 $v \in E_1$, 如果把以 v 为切向量的测地线记作 σ_v, 则 $f \circ \sigma_v$ 也是测地线, 而且由 $f(x) = x$, $f_{*x} v = v$ 可知这条测地线与 σ_v 满足相同的初值条件, 因此必有 $f \circ \sigma_v = \sigma_v$. 也就是说, σ_v 上每个点都是 f 的不动点, 即它整个落在 N 中. 把所有这些测地线 σ_v, $v \in E_1$ 上的点构成的集合记作 V, 则 $V \subset N$.

现在, 我们在 M 中取 x 点的邻域 U, 使得对 U 中任意一点 p, 都有唯一的测地线连接 x 与 p(这样的邻域的存在性, 将在下一讲定理 5.11 中予以证明), 将这条测地线记作 θ_p. 这时, 如果 $p \in N$, 则 $f(p) = p$, 这表明 f 将 θ_p 映为它自身, 从而 θ_p 在 x 处的切向量属于 E_1. 这样我们证明了 $U \cap N \subset V$.

以上两方面合起来, 就得到 $U \cap N = V \cap U$. 在下一讲, 我们将证明 $V \cap U$ 是 U 的正则子流形 (命题 5.3 的注). 从而定理证毕. □

作为这个定理的推论, 我们有: (M, g) 的一族等距变换的公共不动点所构成的集合, 是若干个彼此不相交的全测地子流形的并集. 特别地, (M, g) 的任一 Killing 场的零点构成的集合是若干个全测地子流形的并集 (参见 [26]).

例 4.19(S^m 中的全测地子流形)　任取 $\mathbb{R}^{m+1}$ 中的 k 维子空间 π, 存在正交变换 f, 使得

$$f|_\pi = \mathrm{id}, \quad f|_{\pi^\perp} = -\mathrm{id}.$$

这时, f 的不动点集恰为 π. 所以 π 是 $\mathbb{R}^{m+1}$ 的全测地子流形. 当然这也可以直接用定义验证.

对于单位球面 $S^m \subset \mathbb{R}^{m+1}$, 我们考虑上述 f 在 S^m 上的限制, 则它也是 S^m 到自身的等距, 其不动点构成的集合为 $\pi \cap S^m$, 这是一个 $k-1$ 维球面, 它是 S^m 的全测地子流形.

特别地, 当 π 为 2 维子空间时, 得到的是 S^m 的 1 维全测地子流形, 也就是测地线. 直观上看, 它是一个大圆周. 如果取 π 的标准正交基 u, v, 则 $\pi \cap S^m$ 中的点可写为

$$u \cdot \cos t + v \cdot \sin t, \quad t \in \mathbb{R},$$

由于它的切向量长度为 1, 所以它就是 S^n 中的一条单位测地线.

例 4.20(S^m 上的射影变换)　如果 A 是 $\mathbb{R}^{m+1}$ 的可逆线性变换, 则它可诱导 S^m 上的一个变换 $\hat{A}$ 如下

$$\hat{A}(p) = A(p)/|A(p)|, \quad \forall p \in S^m \subset \mathbb{R}^{m+1}.$$

容易看出, $\hat{A}$ 把大圆周变为大圆周, 因此, $\hat{A}$ 是 S^m 的射影变换.

4.4　附　　注

向量场 X 沿曲线 γ 平行, 从定义上看, 似乎与曲线 γ 的参数选取有关, 但读者可自行验证, 它实际上与曲线的参数选取无关. 将联络解释为平行移动, 是 Levi-Civita 的创见. 黎曼联络的两条特征性质中, 我们用平行移动解释了与度量相容性的几何意义, 无挠性也可以类似解释, 读者可参考 [2].

只要在流形 M 上指定一个仿射联络, 就可以定义平行移动、测地线等概念, 从而就可以讨论相应的仿射变换、射影变换. 在 S. Kobayashi 的著作 [27] 和 [28] 中, 把仿射变换定义为保持仿射联络的微分同胚. 这里的定义方式与它等价, 但几何意义更明显.

仿射变换和射影变换还可以在投射几何 (spray geometry) 的框架下考虑, 对此感兴趣的读者可参考 [42].

4.5　习　　题

4.1(Noether) 在黎曼流形 (M,g) 上, X 是 Killing 场当且仅当 $g(X,\dot{\gamma})$ 沿任意测地线 γ 为常数.

4.2 考虑上半空间 $\mathbb{R}_+^{n+1} := \{(x^0, x) \in \mathbb{R} \times \mathbb{R}^n \mid x^0 > 0\}$. 在 $\mathbb{R}_+^{n+1}$ 上定义黎曼度量

$$g = \frac{1}{(x^0)^2}\left(\,\mathrm{d}\,x^0 \otimes \mathrm{d}\,x^0 + \mathrm{d}\,x^1 \otimes \mathrm{d}\,x^1 + \cdots + \mathrm{d}\,x^n \otimes \mathrm{d}\,x^n\right).$$

证明曲线 $\gamma(t) = (\phi(t), q\phi(t)\sinh t)$ 是该黎曼流形的测地线, 其中 $\phi(t) = \dfrac{1}{\cosh t - p\sinh t}$, $(p, q) \in \mathbb{R} \times \mathbb{R}^n$ 且满足 $p^2 + |q|^2 = 1$.

4.3 设 H^m 是双曲空间. 作为集合, 它是 $\mathbb{R}^m$ 中的单位球. 证明:

(1) $\mathbb{R}^m$ 中的正交变换都是 H^m 的等距;

(2) 任取与单位球面正交的超球面 γ, 则关于 γ 的反演变换也是等距;

(3) 与单位球面正交的超球面是 H^m 的全测地子流形.

4.4 设 $M_1 \times M_2$ 是黎曼直积, 且 γ_1 和 γ_2 分别是 M_1, M_2 中的极大测地线. 证明 $\gamma_1 \times \gamma_2$ 是 $M_1 \times M_2$ 的全测地子流形.

第五讲 弧长的第一变分

上一讲我们介绍了测地线, 即切向量场沿自身平行的曲线. 这明显是欧氏空间中直线的推广. 在欧氏空间中, 直线段是连接两点的最短线. 现在, 我们就来证明, 黎曼流形上的测地线也具有最短性. 不过这个最短性只是局部的.

例如, 我们在球面 S^2 上任取两点 p, q, 如果它们不是直径的两端, 则恰好有唯一的大圆周经过这两点, 这也就是连接 p, q 两点的测地线. 然而, p, q 两点将圆周分为两段, 其中只有劣弧才是连接这两点的最短线, 而优弧在某种意义上反而是最长线. 为了弄清这种现象, 我们先引进一些简单记号.

对于黎曼流形 (M, g) 上一点 p, 记

$$\tilde{B}_p(r) = \{y \in T_pM \mid |y| < r\},$$
$$\tilde{S}_p(r) = \{y \in T_pM \mid |y| = r\}.$$

5.1 指 数 映 射

对于切向量 $v \in T_pM$, 令 σ_v 为满足条件 $\sigma(0) = p$, $\dot{\sigma}(0) = v$ 的唯一测地线, 其最大定义区间为 $(-s_v, \ell_v)$. 注意当 $k > 0$ 且 $t \in [0, \ell_v)$ 时

$$\sigma_{kv}(t) = \sigma_v(kt),$$

所以, 适当选取 $k > 0$, 可以使 σ_{kv} 在 $[0, 1]$ 上有定义.

定义 5.1 设 $\tilde{B}_p(r)$ 是 T_pM 中 0 的邻域, 使得当 $v \in \tilde{B}_p(r)$ 时, 测地线 σ_v 在 $[0, 1]$ 上有定义. 这时如下的映射 $\exp_p : \tilde{B}_p(r) \to M$ 称为 p 点的 **指数映射**

$$\exp_p(v) = \sigma_v(1).$$

利用 $\sigma_{kv}(t) = \sigma_v(kt)$, 有

$$\sigma_v(t) = \sigma_{tv}(1) = \exp_p(tv), \quad t \in [0, 1].$$

因此, $t \mapsto \exp_p(tv)$ 就是满足 $\sigma(0) = p$, $\dot{\sigma}(0) = v$ 的测地线.

例 5.2(S^n 的指数映射) 对于 $p \in S^n$ 和 $v \in T_pS^n$, $v \neq 0$, 我们将 p, v 看作 $\mathbb{R}^{n+1}$ 中的向量, 则容易知道

$$\sigma_v(t) = p\cos(|v|t) + \frac{v}{|v|}\sin(|v|t), \quad t \in \mathbb{R}.$$

因此, $\exp_p(v) = p\cos|v| + \dfrac{v}{|v|}\sin|v|$.

下面的命题说明, 指数映射 $\exp_p$ 在 $0 \in T_pM$ 的邻域是微分同胚.

命题 5.3　指数映射 $\exp_p$ 在 $0 \in T_pM$ 处的切映射恰好是 T_pM 到自身的恒同映射. 因而, 存在 0 的邻域 $W \subset \tilde{B}_p(r)$, 使得 $\exp_p : W \to \exp_p(W)$ 是微分同胚.

证明　对于 $\tilde{B}_p(r)$ 中过原点 0 的直线 $t \mapsto tv$, 指数映射 $\exp_p$ 将它映为测地线 $t \mapsto \exp_p(tv)$. 因此, 切映射 $(\exp_p)_{*0}$ 将前者的切向量 $v \in T_0(T_pM) \simeq T_pM$ 映为后者 (在 $t = 0$ 处) 的切向量 v. 可见 $(\exp_p)_{*0} = \mathrm{id}|_{T_pM}$. □

注　根据这个结论, 如果 E_1 是 T_pM 的子空间, 则 $\exp_p(E_1 \cap W)$ 是 $\exp_p(W)$ 的正则子流形. 这是上一讲 Kobayashi 定理的证明中缺少的细节之一.

上述命题中这个微分同胚使我们可以在 p 点建立一个有用的坐标系.

定义 5.4　如果 W 是 $0 \in T_pM$ 的邻域, U 是 $p \in M$ 的邻域, 使得指数映射 $\exp_p : W \to U$ 是微分同胚, 则称 U 是 p 点的 *法邻域*. 这时, $(U, \exp_p^{-1})$ 称为以 p 点为中心的 *法坐标系*.

5.2　曲线的变分

为了说明测地线在局部上是最短线, 我们需要考虑它在小范围扰动时长度的变化.

定义 5.5　设 $\gamma : [a, b] \to M$ 是光滑曲线. 如果光滑映射 $\Phi : (-\varepsilon, \varepsilon) \times [a, b] \to M$ 满足

$$\Phi(0, t) = \gamma(t), \quad t \in [a, b],$$

则称 Φ 为 γ 的一个变分. 对每个固定的 $u \in (-\varepsilon, \varepsilon)$, 称如下的曲线 $\gamma_u : [a, b] \to M$ 为 γ 的一条 *变分曲线*

$$\gamma_u(t) = \Phi(u, t), \quad t \in [a, b].$$

称沿 γ 定义的向量场 $U(t) = \Phi_{*(0,t)}\partial_u$ 为 *变分向量场*.

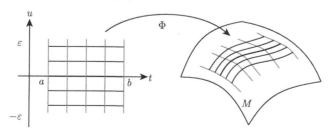

命题 5.6　任取沿曲线 γ 定义的光滑向量场 U, 则存在 γ 的变分 Φ, 以 U 为变分向量场.

证明　令 $\Phi(u,t) = \exp_{\gamma(t)}(u \cdot U(t))$ 即可. □

引理 5.7　设 $\Phi : (-\varepsilon, \varepsilon) \times [a,b] \to M$ 是光滑曲线 $\gamma : [a,b] \to M$ 的一个变分, $\hat{U} = \Phi_* \partial_u, \hat{T} = \Phi_* \partial_t$. 又设变分曲线 γ_u 的能量为 $E(u) = \int_a^b \frac{1}{2} |\hat{T}|^2 \,\mathrm{d}t,\ u \in (-\varepsilon, \varepsilon)$, 则有

$$E'(u) = g(\hat{T}, \hat{U})|_a^b - \int_a^b g(\hat{U}, \nabla_{\hat{T}} \hat{T}) \,\mathrm{d}t. \tag{5.1}$$

证明　由能量的定义, 可得

$$E'(u) = \frac{1}{2} \int_a^b \frac{\partial}{\partial u} g(\hat{T}, \hat{T}) \,\mathrm{d}t = \int_a^b g(\hat{T}, \nabla_{\hat{U}} \hat{T}) \,\mathrm{d}t. \tag{5.2}$$

注意 $[\hat{U}, \hat{T}] = \Phi_*[\partial_u, \partial_t] = 0$, 我们有 $\nabla_{\hat{U}} \hat{T} = \nabla_{\hat{T}} \hat{U}$, 所以

$$\begin{aligned}
E'(u) &= \int_a^b g(\hat{T}, \nabla_{\hat{T}} \hat{U}) \,\mathrm{d}t \\
&= \int_a^b \left(\frac{\partial}{\partial t} g(\hat{T}, \hat{U}) - g(\nabla_{\hat{T}} \hat{T}, \hat{U}) \right) \mathrm{d}t \\
&= g(\hat{T}, \hat{U})|_a^b - \int_a^b g(\nabla_{\hat{T}} \hat{T}, \hat{U}) \,\mathrm{d}t.
\end{aligned}$$

从而引理得证. □

注　对固定的 $t \in [a,b]$, 我们称 $u \mapsto \Phi(u,t)$ 为 **横截曲线**. 不难看出, 上面的 $\hat{U}$ 和 $\hat{T}$ 分别是横截曲线和变分曲线的切向量场.

推论 5.8(弧长的第一变分公式)　设 $\gamma : [a,b] \to M$ 是常速曲线, 即 $|\dot{\gamma}|$ 为常数, Φ 是 γ 的一个变分, 变分向量场为 U. 又设变分曲线 γ_u 的长度为 $L(u)$, 则有

$$L'(0) = \frac{1}{|\dot{\gamma}|} \left\{ g(\dot{\gamma}, U)|_a^b - \int_a^b g(\nabla_{\dot{\gamma}} \dot{\gamma}, U) \,\mathrm{d}t \right\}. \tag{5.3}$$

证明　由曲线长度的定义, $L(u) = \int_a^b |\hat{T}| \,\mathrm{d}t = \int_a^b \sqrt{g(\hat{T}, \hat{T})} \,\mathrm{d}t$. 因此

$$L'(u) = \int_a^b \frac{1}{|\hat{T}|} g(\hat{T}, \nabla_{\hat{U}} \hat{T}) \,\mathrm{d}t.$$

注意 $\hat{T}|_{u=0} = \dot{\gamma}$, 我们有

$$L'(0) = \frac{1}{|\dot{\gamma}|} \int_a^b g(\hat{T}, \nabla_{\hat{U}} \hat{T})|_{u=0} \,\mathrm{d}t = \frac{1}{|\dot{\gamma}|} E'(0),$$

在后一个等号中我们使用了 (5.2). 将引理 5.7 的结论代入即完成证明. □

5.3 两个应用

下面给出弧长第一变分公式的两个应用.

命题 5.9 在黎曼流形 (M,g) 上, 如果光滑曲线 $\gamma:[0,1] \to M$ 是连接两点 p, q 的最短线, 且 $|\dot{\gamma}|$ 为常数, 则 γ 一定是测地线.

证明 记 $X = \nabla_{\dot{\gamma}}\dot{\gamma}$, 如果 $X \neq 0$, 则取光滑函数 $a:[0,1] \to \mathbb{R}$, 使得 $a(0) = a(1) = 0$ 且

$$a(t) > 0, \quad \forall t \in (0,1).$$

这时取 $U = a \cdot X$, 则 U 是沿 γ 定义的光滑向量场, 且 $U(0) = 0, U(1) = 0$.

以 U 为变分向量场, 构造 γ 的变分 Φ(参考命题 5.6), 则有

$$\Phi(u,0) = \gamma(0) = p, \quad \Phi(u,1) = \gamma(1) = q, \quad \forall u \in (-\varepsilon, \varepsilon).$$

也就是说, 每一条变分曲线 γ_u 都连接 p, q 两点. 这样的变分称为 **定端变分**. 由于 $U(0) = 0, U(1) = 0$, 所以弧长的第一变分公式成为

$$L'(0) = -\frac{1}{|\dot{\gamma}|} \int_0^1 g(\nabla_{\dot{\gamma}}\dot{\gamma}, U) \, \mathrm{d}t.$$

由于 $\gamma = \gamma_0$ 在所有变分曲线 γ_u 中长度最小, 所以 $L'(0) = 0$. 也即

$$\int_0^1 g(X, aX) \, \mathrm{d}t = 0.$$

这与 $X \neq 0$ 及 a 的构造矛盾.

因此, $X = 0$, 即 γ 为测地线. □

注 这里光滑曲线可以减弱为分段光滑曲线, 即若干段光滑曲线顺次连接而成的曲线. 利用这里的论证方法, 可以证明每一段都是测地线. 然后, 重新构造一个变分向量场, 使得在接口处恰好等于两段测地线的切向量之差, 就可以说明, 每相邻两段测地线在接口处切向量相等, 从而事实上属于同一条测地线.

引理 5.10(Gauss) 设 (M,g) 是黎曼流形, $p \in M$, 且指数映射 $\exp_p$ 在 $v \in T_pM$ 处有定义, 则对于 $w \in T_v(T_pM) \simeq T_pM$, 有

$$g((\exp_p)_{*v}v, (\exp_p)_{*v}w) = g(v,w).$$

证明 考虑如下的变分

$$\Phi(u,t) = \exp_p(t(v + uw)), \quad u \in (-\varepsilon, \varepsilon), t \in [0,1].$$

则变分曲线 γ_u 都是测地线, 其长度为

$$L(u) = |\hat{T}| = |v + uw|.$$

因此, 直接计算可得 $L'(0) = \dfrac{1}{|v|} g(v, w)$.

注意变分向量场为

$$U(t) = \Phi_{*(0,t)}\partial_u = (\exp_p)_{*tv}(tw),$$

可知 $U(0) = 0$, $U(1) = (\exp_p)_{*v}w$. 测地线 $\gamma(t) = \Phi(0, t) = \exp_p(tv)$ 的切向量场为

$$\dot{\gamma}(t) = (\exp_p)_{*tv}(v),$$

所以 $\dot{\gamma}(1) = (\exp_p)_{*v}v$. 将这些结果代入弧长的第一变分公式, 可得

$$L'(0) = \frac{1}{|\dot{\gamma}|} g(\dot{\gamma}, U)\big|_0^1 = \frac{1}{|v|} g((\exp_p)_{*v}v, (\exp_p)_{*v}w).$$

与前面的结果比较, 就证明了结论.   □

利用 Gauss 引理, 我们来证明, 测地线在局部上总是最短线. 从而 Kobayashi 定理的证明中缺少的另一细节也被完善了.

定理 5.11   设 (M, g) 是黎曼流形, $p \in M$, 并设指数映射 $\exp_p$ 限制在 $\tilde{B}_p(r)$ 上是微分同胚. 对于任意一点 $q \in \exp_p(\tilde{B}_p(r))$, 设 $v = \exp_p^{-1}(q)$, 则测地线 $t \mapsto \exp_p(tv)$, $t \in [0, 1]$ 是连接 p, q 两点的唯一的最短线.

证明   设 γ 是连接 p, q 的任一曲线. 我们先考虑 γ 整个落在 $\exp_p(\tilde{B}_p(r))$ 中的情况. 这时, 可在 $\tilde{B}_p(r)$ 中找到一条曲线 c, 使得

$$\gamma(t) = \exp_p(c(t)), \quad t \in [0, 1].$$

于是 c 是连接 0 与 v 的一条曲线.

在欧氏空间 T_pM 中, 我们可将曲线 c 的切向量 $c'(t)$ 分解为两部分, 一部分与 $c(t)$ 平行, 另一部分与它正交, 即

$$c'(t) = \lambda(t) \cdot c(t) + h(t),$$

其中 $h(t) \perp c(t)$, 而函数 $\lambda(t)$ 满足

$$\lambda(t) = \frac{g_p(c(t), c'(t))}{|c(t)|^2} = \frac{1}{|c(t)|} \cdot \frac{\mathrm{d}}{\mathrm{d}t}|c(t)|.$$

为了估计 γ 的长度, 首先注意到

$$\begin{aligned}
\gamma'(t) &= (\exp_p)_{*c(t)}c'(t) \\
&= \lambda(t) \cdot (\exp_p)_{*c(t)}c(t) + (\exp_p)_{*c(t)}h(t).
\end{aligned}$$

由 Gauss 引理, $(\exp_p)_{*c(t)}c(t)$ 与 $(\exp_p)_{*c(t)}h(t)$ 是正交的, 于是

$$|\gamma'| \geqslant |\lambda \cdot (\exp_p)_{*c}c| = |\lambda \cdot c|$$

在上面的等号中, 我们再次用到了 Gauss 引理.

这时, 我们就可看出, γ 的长度 L 满足

$$L = \int_0^1 |\gamma'|\,\mathrm{d}\,t \geqslant \int_0^1 |\lambda \cdot c|\,\mathrm{d}\,t$$
$$\geqslant \int_0^1 \mathrm{d}\,|c| = |c(1)| = |v|.$$

因此, 连接 p, q 的曲线 γ 的长度 $L \geqslant |v|$, 而且等号成立当且仅当 $c'(t)$ 与 $c(t)$ 平行, 即 c 为直线段. 这样, 我们就证明了, 当 γ 整个落在 $\exp_p(\tilde{B}_p(r))$ 中时, 结论成立.

如果 γ 不是整个落在 $\exp_p(\tilde{B}_p(r))$ 中的, 则它必定与 $\exp_p(\tilde{S}_p(|v|))$ 相交. 设第一个交点为 q_1, 且 $v_1 = \exp_p^{-1}(q_1)$. 则 γ 的长度大于它在 p 到 q_1 这一段的长度, 大于等于 $|v_1| = |v|$(注意利用已证的结论).

综上, 连接 p, q 两点的曲线长度总大于等于 $|v|$, 等号成立当且仅当该曲线是测地线 $t \mapsto \exp_p(tv)$. $\qquad\square$

5.4　附　　注

测地线和曲率是黎曼几何的两个重要研究对象. 这一讲主要是关于测地线的局部性质. 这些性质在 Finsler 几何中同样成立.

测地线的整体性质, 主要包含两方面, 一是测地流的遍历性质, 如 [8] 所构造的有趣实例; 二是闭测地线, 例如 W. Ziller 的 [50] 证明, 在 S^3 上存在 Finsler 度量, 其闭测地线不超过两条.

J. Milnor 的 [34] 也介绍了不少测地线的整体性质.

5.5　习　　题

5.1　设 $\gamma: [0,1] \to M$ 是黎曼流形 (M, g) 上长为 ℓ 的光滑曲线, U 是沿 γ 平行的向量场. 以 U 为变分向量场构造变分, 证明变分曲线 γ_u 的长度 $L(u)$ 满足 $L'(0) = 0$. 这个结论表明, 沿 γ 的平行移动没有发生扭转, 即联络是无挠的.

5.2　设 (M, g) 是紧致黎曼流形, $\gamma: [0,1] \to M$ 是光滑曲线, 且 $\gamma(0) = \gamma(1)$. 如果 γ 不同伦于 0, 证明在 γ 的同伦类中存在一条长度最短的曲线 $c: [0,1] \to M$, 且它满足 $\dot{c}(0) = \dot{c}(1)$.

5.3 设 (M,g) 是 n 维黎曼流形. 固定一点 p, 设 U 是 p 点的法邻域, 考虑 U 上的函数 $r(x) = d(p,x)$. 证明:

(1) $|\nabla r| = 1$;

(2) Hess r 有一个特征值为 0;

(3) $|\text{Hess } r|^2 \geqslant \dfrac{1}{n-1}(\Delta r)^2$.

5.4 设 (M,g) 是 n 维黎曼流形, $p \in M$. 再设 $e_1, \cdots, e_{n-1}, e_n$ 是 T_pM 的标准正交基, γ 是测地线, 且 $\gamma(0) = p$, $\gamma'(0) = e_n$. 设 $Y_i(t) = (\exp_p)_{*te_n}(te_i)$, $1 \leqslant i \leqslant n$. 证明:

$$*1|_{\gamma(t)} = \det(Y_1(t), \cdots, Y_{n-1}(t))\, \mathrm{d}\, t \wedge \mathrm{d}\, \sigma,$$

其中 $\mathrm{d}\, \sigma$ 是 T_pM 中单位球面上的体积元.

第六讲 完 备 性

上一讲我们提到, 测地线在局部上总是最短线, 距离足够近的两点总能用最短测地线连接. 然而大范围的两点却不一定能用最短测地线连接, 例如, 如果在平面上挖去一点 P, 考虑关于 P 点中心对称的两点 Q, R, 则 Q 与 R 之间不能用最短测地线连接. 所以, 在大范围, 需要考虑空间本身是否完备. 在这一讲, 我们首先证明黎曼流形可以自然地成为一个度量空间, 然后用指数映射来刻画这个度量空间的完备性, 这就是 Hopf-Rinow 定理.

6.1 距 离 函 数

在黎曼流形 (M, g) 上, 曲线 $\gamma : [a, b] \to M$ 的长度定义为

$$L(\gamma) = \int_a^b |\dot{\gamma}| \, \mathrm{d}\, t.$$

如果 M 是连通的, 则可进一步定义两点 $p, q \in M$ 之间的 距离 为

$$d(p, q) = \inf_{\gamma \in W_{pq}} L(\gamma),$$

这里 W_{pq} 是所有连接 p, q 两点的曲线构成的集合, 即

$$W_{pq} = \{\gamma : [0, 1] \to M \mid \gamma(0) = p, \gamma(1) = q\}.$$

易证 d 满足距离的常见要求:

(1) $d(p, q) \geqslant 0$, 且等号成立当且仅当 $p = q$;

(2) $d(p, q) = d(q, p)$;

(3) $d(p, q) + d(q, r) \geqslant d(p, r)$.

这样一来, M 就成为一个度量空间.

注 这里 (2), (3) 都是比较明显的, 而 (1) 中等号成立的条件要稍难一点, 请读者参考引理 6.8 的证明.

为了进一步讨论这个距离函数与黎曼度量之间的关系, 我们继续使用上一讲引

进的记号

$$\tilde{B}_x(r) = \{y \in T_xM \mid |y| < r\},$$
$$\tilde{S}_x(r) = \{y \in T_xM \mid |y| = r\},$$
$$B_x(r) = \{q \in M \mid d(x,q) < r\},$$
$$S_x(r) = \{q \in M \mid d(x,q) = r\}.$$

在上一讲我们已经知道, 在黎曼流形 (M,g) 上, 如果指数映射 $\exp_x$ 是从 T_xM 中 0 的开邻域 U 到 $\exp_x(U)$ 的微分同胚, 则称 $\exp_x(U)$ 为 x 的法邻域. 而且, x 的法邻域中任意一点都有唯一的最短测地线与 x 相连. 现在我们证明, 法邻域可以取为球形邻域.

引理 6.1 对于任一点 x, 存在正数 r, 使得 $B_x(r)$ 包含在 x 的某个法邻域中, 而且此时 $\exp_x(\tilde{B}_x(r)) = B_x(r)$.

证明 由于 $\exp_x$ 在 0 点非退化, 所以对于每个单位法向量 $y \in T_xM$, 存在正数 $\rho(y)$, 使得 $\exp_x$ 在 ty 处非退化, $0 \leqslant t \leqslant \rho(y)$. 全体单位切向量构成 T_xM 中的单位球面, 是紧集, 所以函数 $\rho(y)$ 有正的最小值 r. 这时 $\exp_x(\tilde{B}_x(r))$ 就包含在 x 的法邻域中.

由于 $\exp_x(\tilde{B}_x(r))$ 中每个点都有最短测地线连接至 x, 其长度 $< r$, 所以 $\exp_x(\tilde{B}_x(r)) \subset B_x(r)$.

若 $p \notin \exp_x(\tilde{B}_x(r))$, 则任意连接 x 和 p 的曲线 γ 都必定与 $\exp(\tilde{S}_x(r))$ 相交, 设第一个交点为 q, 则 γ 的长度大于它在 x 到 q 这一段的长度, 大于等于 r. 取下确界, 就得到 $d(x,p) \geqslant r$, 也即 $p \notin B_x(r)$. 因此 $B_x(r) \subset \exp_x(\tilde{B}_x(r))$.

综上, $\exp_x(\tilde{B}_x(r)) = B_x(r)$ 包含在 x 的法邻域中. □

定理 6.2 黎曼流形 (M,g) 作为度量空间的拓扑与 M 原有的拓扑一致.

证明 由引理 6.1, 当 $B_x(r)$ 包含在 x 的法邻域中时,

$$\exp_x(\tilde{B}_x(r)) = B_x(r).$$

形如 $B_x(r)$ 的球形邻域构成度量空间的拓扑基, 只需证明它们也构成 M 原有拓扑的拓扑基. 事实上, 对于 M 的任一开集 U, 当 $x \in U$ 时, 取 x 的法邻域 $N_x \subset U$, 再取球形邻域 $B(x) \subset N_x$, 则 $U = \cup_{x \in U} B(x)$. □

推论 6.3 固定 $x \in M$, 则函数 $f(p) = d(x,p)$ 是连续的.

证明 这是因为 $|f(p) - f(q)| = |d(x,p) - d(x,q)| \leqslant d(p,q)$. □

定义 6.4 若曲线 $\gamma : [a,b] \to M$ 满足

$$d(\gamma(t_1), \gamma(t_2)) + d(\gamma(t_2), \gamma(t_3)) = d(\gamma(t_1), \gamma(t_3)),$$
$$a \leqslant t_1 \leqslant t_2 \leqslant t_3 \leqslant b,$$

则称 γ 为 线段.

命题 6.5 测地线在局部上是线段; 反之, 线段必定是测地线.

证明 若 $\gamma : (a, b) \to M$ 是测地线, 则对于 $t_0 \in (a, b)$, 存在 $\varepsilon > 0$, 使得 $\gamma : [t_0, t_0 + \varepsilon]$ 是线段. 事实上, 取 ε 为 $\gamma(t_0)$ 的球形法邻域的半径即可.

反之, 若 $\gamma : [a, b] \to M$ 是线段, 则对于 γ 上每两点, 它都是连接这两点的最短线. 这样, 在局部上, 它是测地线; 从而整体上看也是测地线. $\qquad\square$

引理 6.6 若 $Y, Z \in T_x M$ 满足 $|Y| = |Z| = 1$, 且 $g(Y, Z) = \cos\alpha$, 又设 $y_t = \exp_x(tY)$, $z_t = \exp_x(tZ)$, 则有

$$\lim_{t \to 0} \frac{1}{2t} d(y_t, z_t) = \sin\frac{\alpha}{2}.$$

证明 取 x 为中心的法邻域 U 及法坐标系 $(x^1, \cdots, x^n)$. 考虑 U 上的另一个黎曼度量 $h = \sum (\mathrm{d}\, x^i)^2$. 对于任意 > 1 的常数 c, 可适当缩小 U, 使得在 U 上成立 $\frac{1}{c^2} h < g < c^2 h$, 即

$$\frac{1}{c^2} h(v, v) < g(v, v) < c^2 h(v, v), \quad v \in T_p M \backslash \{0\}, p \in U.$$

设由 h 所确定的距离函数为 δ, 则

$$\frac{1}{c} \delta(y, z) < d(y, z) < c\delta(y, z).$$

于是

$$\frac{1}{2ct} \delta(y_t, z_t) < \frac{1}{2t} d(y_t, z_t) < \frac{c}{2t} \delta(y_t, z_t).$$

注意到 h 是欧氏度量, 所以 $\frac{1}{2t} \delta(y_t, z_t) = \sin\frac{\alpha}{2}$. 由 c 的任意性, 即证. $\qquad\square$

定理 6.7 (Myers-Steenrod) 设 (M, g) 和 (M', g') 是两个黎曼流形, 距离函数分别为 d 和 d'. 如果满射 $f : M \to M'$ 满足 $d(p, q) = d'(f(p), f(q))$, $\forall p, q \in M$, 则 f 是微分同胚, 并且 $f^* g' = g$, 即 f 是等距.

证明 显然 f 是连续的单射, 它又是满射, 从而是同胚. 对于 $x' = f(x)$ 的法邻域 U', 取 x 的法邻域 U, 使得 $f(U) \subset U'$. 任取 x 点的非零切向量 Y, 设 $y_t = \exp_x(tY)$, $0 \leqslant t \leqslant \varepsilon$, 是 U 中的线段. 这时, $y_t' = f(y_t)$, $0 \leqslant t \leqslant \varepsilon$, 必定也是 U' 中的线段, 从而是测地线. 记 y_t' 在 $t = 0$ 处的切向量为 Y'. 则由 $d(y_0, y_t) = d'(y_0', y_t')$ 可知 $|Y| = |Y'|$.

将 $Y \mapsto Y'$ 这个映射记为 F, 则由测地线的参数变化性质可知 $F(kY) = kF(Y)$, $\forall k \in \mathbb{R}$. 并且, 在前述邻域中, 成立

$$f \circ \exp_x = \exp_{x'} \circ F.$$

由于 f 可逆, 从上式可知 F 是 T_xM 到 T'_xM' 的一一映射; 而且, 只要能证明 F 是线性映射, 就能证明 f 在 x 点是光滑的.

注意, 由引理 6.6 可知

$$g'(FY, FZ) = g(Y, Z), \quad Y, Z \in T_xM, \ |Y| = |Z|,$$

结合 $F(kY) = kF(Y)$ 即得

$$g'(FY, FZ) = g(Y, Z), \quad Y, Z \in T_xM.$$

由此易证 F 是线性映射, 从而 f 在 x 点是光滑的. 结合切映射的定义可知 $F = f_{*x}$, 这样上式也就说明 $f^*g' = g$. □

注　这个定理解释了 "等距" 二字的来历: 等距, 就是保持距离不变. 证明中用到如下结论: 欧氏空间之间保持内积的一一映射是等距映射, 这是线性代数的常见习题.

6.2　Hopf-Rinow　定　理

引理 6.8(延长引理)　设 (M, g) 是连通的黎曼流形, $x, p \in M$, 且 $d(x, p) = r > 0$. 则存在正数 $\varepsilon < r$ 以及一点 $q_0 \in S_x(\varepsilon)$ 使得 x 与 q_0 之间有最短测地线连接, 且 $d(q_0, p) = r - \varepsilon$.

证明　取 $0 < \varepsilon < r$, 使 $B_\varepsilon(x)$ 包含于 x 点的法邻域, 则 $S_x(\varepsilon) = \exp_p(\tilde{S}_x(\varepsilon))$ 是紧集, 从而连续函数 $f(q) := d(q, p)$ 在 $S_x(\varepsilon)$ 上能取到最小值. 取 $q_0 \in S_x(\varepsilon)$ 使得

$$d(q_0, p) = \min_{q \in S_x(\varepsilon)} d(q, p).$$

这时, 由于任意连接 x 与 p 的曲线都与 $S_x(\varepsilon)$ 相交, 所以

$$
\begin{aligned}
r = d(x, p) &= \inf_{c \in W_{xp}} L(c) \\
&= \inf_{q \in S_x(\varepsilon)} \inf_{\substack{c_1 \in W_{xq}, \\ c_2 \in W_{qp}}} L(c_1) + L(c_2) \\
&= \inf_{q \in S_x(\varepsilon)} d(x, q) + d(q, p) = \varepsilon + d(q_0, p)
\end{aligned}
$$

这表明 $d(q_0, p) = r - \varepsilon$. □

注　这个引理是说, 总能够从 x 出发, 向着 p 点的方向前进一点点.

定理 6.9(Hilbert)　对于连通的黎曼流形 (M, g), 如果 $\exp_x$ 在整个 T_xM 有定义, 则 x 和任一点 $p \in M$ 之间可通过最短测地线连接.

证明 设 $r = d(x, p)$. 由延长引理, 存在 $0 < \varepsilon < r$ 及 $q_0 \in S_x(\varepsilon)$, 使得 x 与 q_0 之间有最短测地线连接, 且 $d(q_0, p) = r - \varepsilon$.

设 γ 是从 x 出发, 经过 q_0 的最短测地线, $\gamma(0) = x$, $\gamma(\varepsilon) = q_0$. 由条件, γ 在 $[0, \infty)$ 有定义. 考虑集合

$$A = \{s \in [\varepsilon, r] \mid d(\gamma(s), p) = r - s\}.$$

则由 $d(q_0, p) = r - \varepsilon$ 可知 $\varepsilon \in A$, 即 $A \neq \varnothing$. 又由函数 $f(s) = d(\gamma(s), p) - r + s$ 为连续函数可知 A 为闭集.

记 $s_0 = \max A$, $q_1 = \gamma(s_0)$. 若 $s_0 < r$, 则由延长引理可知存在正数 $\varepsilon_1 < r - s_0$ 和 $q_2 \in S_{q_1}(\varepsilon_1)$, 使得 q_1 与 q_2 之间有最短测地线连接, 且

$$d(q_2, q) = d(q_1, q) - \varepsilon_1 = r - s_0 - \varepsilon_1.$$

这时

$$d(x, q_1) \geqslant d(x, p) - d(q_1, p) = s_0 + \varepsilon_1.$$

然而另一方面, x 到 $q_1 = \gamma(s_0)$ 有长为 s_0 的测地线连接, q_1 到 q_2 也有长为 ε_1 的最短测地线连接, 可见 $d(x, q_1) \leqslant s_0 + \varepsilon_1$.

比较两方面即知, 上述连线乃是 x 到 q_1 的最短线, 即它仍是测地线 $\gamma(t)$, 且 $q_1 = \gamma(s_0 + \varepsilon_1)$. 这样 $s_0 + \varepsilon_1 \in A$, 与 s_0 最大矛盾.

故 $s_0 = r$, 即 x 与 p 之间可用最短测地线连接. □

注 证明的思路很简单, 就是利用延长引理, 每次往靠近 p 点的方向延长一点点, 使距离不断缩小. 关键是利用闭集的性质, 确保能够到达 p 点.

定理 6.10(Hopf-Rinow) 对于连通的黎曼流形 (M, g), 下述条件两两等价:

(1) M 作为度量空间是完备的 (Cauchy 列收敛);

(2) 对于任意 $x \in M$, $\exp_x$ 在整个 $T_x M$ 有定义;

(3) 存在一点 $x \in M$, $\exp_x$ 在整个 $T_x M$ 有定义;

(4) M 中的任意有界闭子集是紧集.

证明 (1)$\Longrightarrow$(2). 对于 $x \in M$, 若 $\exp_x$ 不能在整个 $T_x M$ 有定义, 则存在正规测地线 $\gamma(t)$, $\gamma(0) = x$, 其最大定义区间为 $[0, l)$. 现在, 取序列 $\{t_n\}$, 使得 $\lim_{n \to \infty} t_n = l$. 则 $d(\gamma(t_m), \gamma(t_n)) \leqslant |t_m - t_n|$, 即 $\{\gamma(t_n)\}$ 是 Cauchy 列, 收敛到一点 p. 定义 $\gamma(l) = p$. 取 p 点的法坐标系, 则可将测地线 $\gamma(t)$ 的定义区间扩大到 $[0, l + \varepsilon)$. 矛盾.

(2)$\Longrightarrow$(3). 显然.

(3)$\Longrightarrow$(4). 若 $K \subset M$ 为有界闭集, 则存在常数 $c > 0$, 使得 $d(x,k) < c, \forall k \in K$. 由定理 6.9, K 中任一点可与 x 用最短测地线连接, 于是 $K \subset \exp_x(\tilde{B}_x(c))$, 其中 $\tilde{B}_x(c)$ 的闭包是紧集, 故 K 是紧集的闭子集, 也是紧集.

(4)$\Longrightarrow$(1). 这是点集拓扑的常用结论. 事实上, 任意 Cauchy 列, 其闭包有界, 从而是紧集. 这表明该 Cauchy 列有子列收敛. 进而原 Cauchy 列收敛.　　　□

注　对于一般的度量空间, (4) 与 (1) 并不等价. 例如, 考虑可数无穷个点构成的拓扑空间, 规定任意相异两点间的距离为 1. 它的 Cauchy 列收敛, 但整个空间虽是有界闭集, 却不是紧致的. 由此可见, 黎曼流形乃是一类较好的度量空间.

定义 6.11　黎曼流形 (M,g) 若满足上述 (1)~(4) 中任意一个条件, 则称为 **完备** 的.

推论 6.12　完备的连通黎曼流形上, 任意两点之间都可通过最短测地线连接.

推论 6.13　紧致的黎曼流形是完备的.

定理 6.14　如果 M 和 M' 是同维数的连通黎曼流形, $f: M \to M'$ 为局部等距. 若 M 是完备的, 则 f 是覆叠映射, 这时 M' 也是完备的; 反之, 若 f 是覆叠映射, 且 M' 是完备的, 则 M 也是完备的.

证明　若 M 完备, 则由 f 将测地线变为测地线可知, M' 上每条测地线的定义区间都是 $\mathbb{R}$, 从而 M' 完备.

任取 $x \in M$, 设 $x' = f(x)$. 对于任意 $p' \in M'$, 设 $\exp_{x'}(tX')$ 是连接 x' 与 p' 的最短测地线, 即 $p' = \exp_{x'}(aX')$, 其中 $X' \in T_{x'}M'$ 为单位向量. 由于 f 是等距浸入, 存在单位向量 $X \in T_x M$ 使得 $f_*X = X'$. 令 $p = \exp_x(aX)$, 则 $f(p) = p'$. 这表明 f 是满射.

现在, 设 $f^{-1}(x') = \{x_1, x_2, \cdots\}$. 并设 x' 的法邻域中包含半径为 $2r$ 的球, 将半径为 r 的球形邻域记作 B', 再对每个 x_i, 取半径为 r 的球邻域 B_i. 我们证明:

(a) $f: B_i \to B'$ 是微分同胚. 这是由于 $f \circ \exp_{x_i} = \exp_{x'} \circ f_*$, 其中 f_* 和 $\exp_{x'}$ 都是微分同胚, 所以 f 和 $\exp_{x_i}$ 也都是微分同胚.

(b) $f^{-1}(B) = \cup_i B_i$. 这是由于, 对于任意 $p \in f^{-1}(B)$, 令 $p' = f(p)$, 设 $\exp_{p'}(tP')$, $t \in [0,a]$ 是从 p' 到 x' 的最短测地线, 其中 $P' \in T_{p'}M'$ 为单位切向量. 这时存在单位切向量 $P \in T_p M$, 使得 $f_*P = P'$. 测地线 $\exp_p(tP)$ 在 f 下的像恰好是 $\exp_{p'}(tP')$, 于是 $\exp_p(aP)$ 的像是 x'. 这意味着 $\exp_p(aP)$ 等于某个 x_i, 从而 $p \in B_i$.

(c) $i \neq j$ 时, $B_i \cap B_j = \varnothing$. 事实上, 若 $p \in B_i \cap B_j$, 则 $d(x_i, x_j) < 2r$, 这意味着 x_j 也在 x_i 的半径为 $2r$ 的球形邻域中. 然而 f 从该球形邻域到 x' 的球形邻域是微分同胚, 其中不可能存在两个不同的点被映射到同一点.

综合 (a), (b), (c), 就证明了 f 是覆叠映射, 从而第一部分得证.

第二部分运用覆叠提升是容易证明的, 从略.　　　□

6.3　附　　注

Kobayashi-Nomizu[28] 和 S. Helgason[24] 对 Hopf-Rinow 定理的证明都是采用 de Rham 的方法, 而且在叙述时没有将 (3) 列为充要条件. 这里的证明方法来自 M. Boothby 的 [6]. 据 Boothby 介绍, 其思路来自 J. Milnor[34].

6.4　习　　题

6.1　如果对于黎曼流形 (M,g) 上的任意两点 $p,\,q$, 存在等距变换 $f:M\to M$, 使得 $f(p)=q$, 则称 (M,g) 是齐性黎曼流形. 证明: 齐性黎曼流形是完备的.

6.2　若 (M,g) 是连通、非紧、完备的黎曼流形. 证明存在测地线 $\gamma:[0,\infty)\to M$, 使得 $\forall a>0,\,\gamma$ 都是连接 $\gamma(0)$ 和 $\gamma(a)$ 两点的最短线. 这样的测地线称为 射线.

6.3　设 (M,g) 是完备的黎曼流形, f 是 M 上的变换. 证明: f 是仿射变换当且仅当

$$f\circ\exp_x=\exp_{f(x)}\circ f_*,\quad\forall x\in M.$$

6.4　设 (M,g) 是完备的黎曼流形, $\varphi,\,\psi$ 是两个等距变换. 若存在一点 $x\in M$, 使得 $\varphi(p)=\psi(p)$ 且 $\varphi_{*p}=\psi_{*p}$, 证明 $\varphi=\psi$.

第七讲　曲率算子和曲率形式

在 $\mathbb{R}^3$ 的曲面论中, Gauss 首先采用外蕴的方式给曲面定义了 Gauss 曲率, 以衡量曲面的弯曲程度. 具体地, 设 M 是嵌入 $\mathbb{R}^3$ 的正则曲面, 取 M 上每一点的单位法向量, 就得到 Gauss 映射 $f : M \to S^2$. 对于点 $p \in M$, Gauss 曲率 $K(p)$ 定义为切映射 f_{*p} 的行列式 (注意切平面 T_pM 与 $T_{f(p)}S^2$ 平行, 可将这两者等同起来). 更直观地, 在 M 上取 p 点的邻域 U, 并考虑 $f(U)$ 的面积与 U 的面积之比, 则当 $U \to \{p\}$ 时, 这个比值的极限就是 Gauss 曲率 $K(p)$.

随后, Gauss 证明 $K(p)$ 仅与曲面 M 内蕴的度量有关, 而与它在 $\mathbb{R}^3$ 中所呈现出的具体形状无关. Riemann 在其有名的演讲中提出, 流形的内蕴几何可以作为单独的研究对象, 并在稍后对一般的黎曼度量给出了曲率的定义. 但他的定义方式依赖于特殊的坐标系, 比较繁琐, 也不利于计算. 后来, 随着黎曼几何的发展, 曲率的定义通常基于联络.

在这一讲, 我们先来介绍以张量形式呈现的曲率.

7.1　曲　率　算　子

设 (M, g) 为黎曼流形, ∇ 为黎曼联络.

定义 7.1　设 X, Y 是 M 上的光滑向量场, 定义映射 $R(X, Y) : \mathfrak{X}(M) \to \mathfrak{X}(M)$ 如下

$$R(X, Y)Z = \nabla_X \nabla_Y Z - \nabla_Y \nabla_X Z - \nabla_{[X,Y]} Z.$$

称 $R(X, Y)$ 为关于 X, Y 的 **曲率算子**.

作为 $\mathfrak{X}(M)$ 上的 (实) 线性算子, 我们也可以把 $R(X, Y)$ 写为

$$R(X, Y) = [\nabla_X, \nabla_Y] - \nabla_{[X,Y]}.$$

命题 7.2　曲率算子 $R(X, Y)$ 具有如下性质:

(1) 反对称性: $R(X, Y) = -R(Y, X)$;

(2) 张量性: $\forall f \in C^\infty(M), Z \in \mathfrak{X}(M)$, 有

$$R(fX, Y)Z = R(X, fY)Z = R(X, Y)(fZ) = fR(X, Y)Z;$$

(3) 第一 Bianchi 恒等式: $\forall Z \in \mathfrak{X}(M)$, 有

$$R(X, Y)Z + R(Y, Z)X + R(Z, X)Y = 0.$$

证明 (1) 是显然的.

(2) 只需注意到

$$
\begin{aligned}
R(fX, Y) &= \nabla_{fX}\nabla Y - \nabla_Y\nabla_{fX} - \nabla_{[fX,Y]} \\
&= f\nabla_X\nabla_Y - \nabla_Y(f\nabla_X) - \nabla_{f[X,Y]-Y(f)X} \\
&= f\nabla_X\nabla_Y - Y(f)\nabla_X - f\nabla_Y\nabla_X - f\nabla_{[X,Y]} + Y(f)\nabla_X \\
&= fR(X,Y),
\end{aligned}
$$

就证明了 $R(fX, Y)Z = fR(X, Y)Z$. 结合反对称性, 我们有

$$
R(X, fY)Z = -R(fY, X)Z = -fR(Y, X)Z = fR(X, Y)Z.
$$

为了证明最后一个等式, 首先注意到

$$
\begin{aligned}
\nabla_X\nabla_Y(fZ) &= \nabla_X(Y(f)Z + f\nabla_Y Z) \\
&= X(Y(f))Z + Y(f)\nabla_X Z + X(f)\nabla_Y Z + f\nabla_X\nabla_Y Z,
\end{aligned}
$$

交换 X 和 Y 可得

$$
\nabla_Y\nabla_X(fZ) = Y(X(f))Z + X(f)\nabla_Y Z + Y(f)\nabla_X Z + f\nabla_Y\nabla_X Z.
$$

又直接展开可得

$$
\nabla_{[X,Y]}(fZ) = [X,Y](f)Z + f\nabla_{[X,Y]}Z.
$$

以上三式组合起来, 就得到 $R(X, Y)(fZ) = fR(X, Y)Z$.

(3) 对于表达式 $T(X, Y, Z)$, 我们用 $\mathfrak{G}T(X, Y, Z)$ 表示轮换求和, 即

$$
\mathfrak{G}T(X, Y, Z) = T(X, Y, Z) + T(Y, Z, X) + T(Z, X, Y).
$$

这样, 第一 Bianchi 恒等式也就是 $\mathfrak{G}R(X, Y)Z = 0$. 我们有

$$
\begin{aligned}
\mathfrak{G}R(X, Y)Z &= \mathfrak{G}\nabla_X\nabla_Y Z - \mathfrak{G}\nabla_Y\nabla_X Z - \mathfrak{G}\nabla_{[X,Y]}Z \\
&= \mathfrak{G}\nabla_Z\nabla_X Y - \mathfrak{G}\nabla_Z\nabla_Y X - \mathfrak{G}\nabla_{[X,Y]}Z \\
&= \mathfrak{G}\nabla_Z[X, Y] - \mathfrak{G}\nabla_{[X,Y]}Z \\
&= \mathfrak{G}[Z, [X, Y]] = 0.
\end{aligned}
$$

这里最后一个等号是由于 Jacobi 恒等式. □

由于 $R(X, Y)Z$ 关于每个分量都是 $C^\infty(M)$ 线性的, 所以它可看成一个 $(1, 3)$ 型张量场, 称为 **黎曼曲率张量**. 如果取局部标架场 $\{e_i\}$, 并设该标架场下的联络系数为 Γ^i_{jk}, 即 $\nabla_{e_k}e_j = \Gamma^i_{jk}e_i$, 或 $\nabla e_j = \omega^i_j \otimes e_i$, 则有

$$
R(e_i, e_j)e_k = \nabla_{e_i}\nabla_{e_j}e_k - \nabla_{e_j}\nabla_{e_i}e_k - \nabla_{[e_i,e_j]}e_k
$$

其中

$$\nabla_{e_i}\nabla_{e_j}e_k = \nabla_{e_j}(\Gamma_{kj}^l e_l)$$
$$= e_i(\Gamma_{kj}^l)e_l + \Gamma_{kj}^l \nabla_{e_i}e_l$$
$$= (e_i(\Gamma_{kj}^l) + \Gamma_{kj}^h \Gamma_{hi}^l)e_l,$$

交换指标 i 和 j, 就得到 $\nabla_{e_j}\nabla_{e_i}e_k$ 的表达式. 将它们代入前一式, 可得 $R(e_i,e_j)e_k = R_{kij}^l e_l$, 其中分量函数 R_{kij}^l 满足

$$R_{kij}^l = e_i(\Gamma_{kj}^l) - e_j(\Gamma_{ki}^l) + \Gamma_{kj}^h\Gamma_{hi}^l - \Gamma_{ki}^h\Gamma_{hj}^l - \omega_k^l[e_i,e_j]. \tag{7.1}$$

特别地, 当 $\{e_i\}$ 取为自然标架场 $\{\partial_i\}$ 时, $[\partial_i,\partial_j]=0$, 相应有

$$R_{kij}^l = \partial_i(\Gamma_{kj}^l) - \partial_j(\Gamma_{ki}^l) + \Gamma_{kj}^h\Gamma_{hi}^l - \Gamma_{ki}^h\Gamma_{hj}^l, \tag{7.2}$$

其中联络系数 Γ_{jk}^i 依赖于 g_{ij} 及其一阶偏导数, 所以曲率张量的分量函数 $R_{k\ ij}^l$ 依赖于 g_{ij} 及其一阶和二阶偏导数.

定义 7.3 设 (M,g) 为黎曼流形, 令

$$R(X,Y,Z,W) = g(R(X,Y)Z,W), \quad \forall X,Y,Z,W \in \mathfrak{X}(M),$$

称上述 $(0,4)$ 型张量场 R 为黎曼曲率张量.

命题 7.4 **黎曼曲率张量 $R(X,Y,Z,W)$ 具有如下性质:**

(1) 关于前两个分量以及后两个分量分别具有反对称性

$$R(X,Y,Z,W) = -R(Y,X,Z,W) = R(Y,X,W,Z).$$

(2) 前两个分量和后两个分量之间具有对称性

$$R(X,Y,Z,W) = R(Z,W,X,Y).$$

(3) 第一 Bianchi 恒等式

$$R(X,Y,Z,W) + R(Z,X,Y,W) + R(Y,Z,X,W) = 0.$$

(4) 第二 Bianchi 恒等式

$$(\nabla_Z R)(X,Y)W + (\nabla_X R)(Y,Z)W + (\nabla_Y R)(Z,X)W = 0.$$

证明　(1) 关于前两个分量的反对称性来自曲率算子的反对称性. 为了证明关于后两个分量的反对称性, 只需证明 $R(X, Y, Z, Z) = 0$. 事实上, 令 $f = \frac{1}{2}g(Z, Z)$, 则有

$$g(\nabla_X \nabla_Y Z, Z) = X(g(\nabla_Y Z, Z)) - g(\nabla_Y Z, \nabla_X Z)$$
$$= X(Y(f)) - g(\nabla_Y Z, \nabla_X Z).$$

同理

$$g(\nabla_Y \nabla_X Z, Z) = Y(X(f)) - g(\nabla_X Z, \nabla_Y Z).$$

结合 $g(\nabla_{[X,Y]} Z, Z) = [X, Y](f)$, 就可得出 $R(X, Y, Z, Z) = 0$.

(3) 是由于曲率算子满足第一 Bianchi 恒等式.

(2) 我们反复使用 (1) 和 (3) 来证明 (2). 注意

$$R(X, Y, Z, W)$$
$$= -R(Z, X, Y, W) - R(Y, Z, X, W)$$
$$= R(Z, X, W, Y) + R(Y, Z, W, X)$$
$$= -R(W, Z, X, Y) - R(X, W, Z, Y) - R(W, Y, Z, X) - R(Z, W, Y, X)$$
$$= 2R(Z, W, X, Y) + R(X, W, Y, Z) + R(W, Y, X, Z)$$
$$= 2R(Z, W, X, Y) - R(Y, X, W, Z)$$
$$= 2R(Z, W, X, Y) - R(X, Y, W, Z),$$

移项整理, 就得到了 $R(X, Y, Z, W) = R(Z, W, X, Y)$.

(4) 注意到

$$(\nabla_Z R)(X, Y)W$$
$$= \nabla_Z(R(X, Y)W) - R(\nabla_Z X, Y)W - R(X, \nabla_Z Y)W - R(X, Y)(\nabla_Z W)$$
$$= [\nabla_Z, R(X, Y)]W - R(\nabla_Z X, Y)W - R(X, \nabla_Z Y)W,$$

我们有

$$\mathfrak{G}(\nabla_Z R)(X, Y)$$
$$= \mathfrak{G}[\nabla_Z, R(X, Y)] - \mathfrak{G}R(\nabla_Z X, Y) - \mathfrak{G}R(X, \nabla_Z Y)$$
$$= \mathfrak{G}[\nabla_Z, [\nabla_X, \nabla_Y] - \nabla_{[X,Y]}] - \mathfrak{G}R(\nabla_X Y, Z) - \mathfrak{G}R(Z, \nabla_Y X)$$
$$= \mathfrak{G}[\nabla_Z, \nabla_{[Y,X]}] - \mathfrak{G}R([X, Y], Z)$$
$$= \mathfrak{G}[\nabla_Z, \nabla_{[Y,X]}] - \mathfrak{G}[\nabla_{[X,Y]}, \nabla_Z] + \mathfrak{G}\nabla_{[[X,Y],Z]} = 0.$$

从而第二 Bianchi 恒等式得证.   □

注 在第二 Bianchi 恒等式中, 取 $X = e_i$, $Y = e_j$, $Z = e_k$, $W = e_p$, 则可将它展开写为

$$R_{pqij,k} + R_{pqjk,i} + R_{pqki,j} = 0, \tag{7.3}$$

其中

$$R_{pqij,k} = e_k(R_{pqij}) - R_{hqij}\Gamma_{pk}^h - R_{phij}\Gamma_{qk}^h - R_{pqhj}\Gamma_{ik}^h - R_{pqih}\Gamma_{jk}^h.$$

读者可参考例 2.5.

现在, 取局部自然标架场 $\{\partial_i\}$, 设 $R(\partial_i, \partial_j, \partial_k, \partial_l) = R_{ijkl}$, 则有

$$
\begin{aligned}
R_{ijkl} &= g(R(\partial_i, \partial_j)\partial_k, \partial_l) \\
&= g(R_{kij}^p \partial_p, \partial_l) = g_{pl} R_{kij}^p \\
&= g_{pl}(\partial_i \Gamma_{kj}^p - \partial_j \Gamma_{ki}^p + \Gamma_{kj}^h \Gamma_{hi}^l - \Gamma_{ki}^h \Gamma_{hj}^l),
\end{aligned}
$$

其中

$$
\begin{aligned}
g_{pl}\partial_i \Gamma_{kj}^p &= \partial_i(g_{pl}\Gamma_{kj}^p) - \Gamma_{kj}^p \partial_i g_{pl} \\
&= \frac{1}{2}\partial_i(\partial_k g_{lj} + \partial_j g_{lk} - \partial_l g_{kj}) - \Gamma_{kj}^p(\Gamma_{pli} + \Gamma_{lpi}).
\end{aligned}
$$

同理可知

$$g_{pl}\partial_j \Gamma_{ki}^p = \frac{1}{2}\partial_j(\partial_k g_{li} + \partial_i g_{lk} - \partial_l g_{ki}) - \Gamma_{ki}^p(\Gamma_{plj} + \Gamma_{lpj}).$$

将这些结果代入前述 R_{ijkl} 的表达式, 整理得

$$R_{ijkl} = \frac{1}{2}(\partial_i \partial_k g_{jl} + \partial_j \partial_l g_{ik} - \partial_i \partial_l g_{jk} - \partial_j \partial_k g_{il}) + \Gamma_{ik}^p \Gamma_{pjl} - \Gamma_{il}^p \Gamma_{pjk}.$$

从这个局部表达式, 也不难看出黎曼曲率张量具有反对称和对称性质.

例 7.5($\mathbb{R}^n$ 的曲率) 对于 n 维欧氏空间 $\mathbb{R}^n$, 其曲率张量 $R \equiv 0$, 因为 $\nabla_{\partial_i}\partial_j = 0$.

7.2 曲 率 形 式

对于一般的黎曼流形, 曲率的计算通常是比较繁琐的. E. Cartan 发展了外微分法, 可以在计算时带来一定的便利. 回忆一下, 任取局部标架场 $\{e_i\}$, 设其对偶余

标架场为 $\{\omega^i\}$, 并设 $g_{ij} = g(e_i, e_j)$, 则联络形式 ω_j^i 是满足如下方程组的唯一一组 1 形式

$$\mathrm{d}\,\omega^i = \omega^j \wedge \omega_j^i, \quad \mathrm{d}\,g_{ij} = g_{kj}\omega_i^k + g_{ik}\omega_j^k.$$

现在, 我们继续用外微分法来计算曲率.

定义 7.6 称 2 形式 $\Omega_i^j = \mathrm{d}\,\omega_i^j - \omega_k^i \wedge \omega_k^j$ 为局部标架场 $\{e_i\}$ 下的曲率形式.

下面这个命题说明, 曲率形式 Ω_i^j 中包含的信息与曲率张量是一致的.

命题 7.7 曲率形式 Ω_k^l 满足如下等式

$$\Omega_k^l = \frac{1}{2}R_k{}^l{}_{ij}\omega^i \wedge \omega^j,$$

其中 $R_k{}^l{}_{ij}$ 是曲率张量的分量, 即 $R(e_i, e_j)e_k = R_k{}^l{}_{ij}e_l$.

证明 只需证明 $\Omega_k^l(e_i, e_j) = R_k{}^l{}_{ij}$. 利用外微分求值公式, 我们有

$$\begin{aligned}
\mathrm{d}\,\omega_k^l(e_i, e_j) &= e_i(\omega_k^l(e_j)) - e_j(\omega_k^l(e_i)) - \omega_k^l[e_i, e_j]\\
&= e_i(\Gamma_{kj}^l) - e_j(\Gamma_{ki}^l) - \omega_k^l[e_i, e_j],\\
\omega_k^h \wedge \omega_h^l(e_i, e_j) &= \omega_k^h(e_i)\omega_h^l(e_j) - \omega_k^h(e_j)\omega_h^l(e_i)\\
&= \Gamma_{hi}^k\Gamma_{lj}^l - \Gamma_{kj}^h\Gamma_{hi}^l,
\end{aligned}$$

以上两式相减, 再与 $R_k{}^l{}_{ij}$ 的表达式 (7.1) 比较, 即得证. □

推论 7.8 若 Ω_k^l 是黎曼流形 (M, g) 在局部标架场 $\{e_i\}$ 下的曲率形式, 则对任意 $X, Y \in T_pM$, $(\Omega_k^l(X, Y))$ 恰好是线性变换 $R(X, Y) : T_pM \to T_pM$ 在标架 $\{e_i\}$ 下的矩阵.

E. Cartan 的外微分法有一个基本的理念是, 只要对结构方程反复作外微分, 就可得到各种局部不变量, 以及不变量之间的关系. 下面我们对此稍作尝试. 为了使记号简单, 我们采用第二讲所介绍的矩阵形式, 即

$$\omega = (\omega^1, \cdots, \omega^m), \quad \theta = (\omega_i^j), \quad \mathrm{g} = (g_{ij}).$$

现在, 将曲率形式也写成矩阵 $\Omega = (\Omega_i^j)$, 则有以下三个基本方程:

$$\mathrm{d}\,\omega = \omega \wedge \theta, \tag{7.4}$$

$$\mathrm{d}\,\mathrm{g} = \theta\mathrm{g} + \mathrm{g}\theta^t, \tag{7.5}$$

$$\Omega = \mathrm{d}\,\theta - \theta \wedge \theta. \tag{7.6}$$

外微分 (7.4) 式, 可得

$$0 = \mathrm{d}\omega \wedge \theta - \omega \wedge \mathrm{d}\theta.$$

再将 (7.4) 代入上式, 即得 $0 = \omega \wedge \theta \wedge \theta - \omega \wedge \mathrm{d}\theta$, 也即

$$\omega \wedge \Omega = 0.$$

不难证明, 这等价于第一 Bianchi 恒等式 (习题 7.1).

外微分 (7.5) 式, 可得

$$\mathrm{d}\Omega = -\mathrm{d}\theta \wedge \theta + \theta \wedge \mathrm{d}\theta.$$

再将 $\mathrm{d}\theta = \Omega + \theta \wedge \theta$ 代入, 就得到

$$\mathrm{d}\Omega = -\Omega \wedge \theta + \theta \wedge \Omega.$$

不难证明, 这等价于第二 Bianchi 恒等式 (习题 7.2).

如果将标准正交标架场 $\{e_i\}$ 换成另一标准正交标架场 $\{\tilde{e}_i\}$, 则有过渡矩阵 $b = (b_i^j)$, 即 $\tilde{e}_i = b_i^j e_j$. 这时, 相应的余标架场 $\{\tilde{\omega}^i\}$ 满足关系 $\tilde{\omega}^i = a_j^i \omega^j$, 其中 $a = (a_j^i)$ 是 b 的逆矩阵. 采用矩阵形式来写, 就是 $\tilde{\omega} = \omega a$.

对这一关系式作外微分, 可得

$$\begin{aligned}
\mathrm{d}\tilde{\omega} &= \mathrm{d}\omega\, a - \omega \wedge \mathrm{d}a = \omega \wedge \theta\, a - \omega \wedge \mathrm{d}a \\
&= \omega a \wedge (a^{-1}\theta a - a^{-1}\mathrm{d}a) = \tilde{\omega} \wedge \tilde{\theta},
\end{aligned}$$

其中

$$\tilde{\theta} = -a^{-1}\mathrm{d}a + a^{-1}\theta a = -b\,\mathrm{d}a + b\theta a \tag{7.7}$$

是反对称矩阵, 因此, $\tilde{\theta}$ 就是新的标架场下的联络矩阵.

对 (7.7) 继续作外微分, 可得

$$\begin{aligned}
\mathrm{d}\tilde{\theta} &= -\mathrm{d}b \wedge \mathrm{d}a + \mathrm{d}b \wedge \theta a + b\,\mathrm{d}\theta\, a - b\theta \wedge \mathrm{d}a \\
&= -\mathrm{d}b\, a \wedge b\,\mathrm{d}a + \mathrm{d}b\, a \wedge b\theta a + b(\theta \wedge \theta + \Omega)a - b\theta \wedge \mathrm{d}a \\
&= b\,\mathrm{d}a \wedge b\,\mathrm{d}a - b\,\mathrm{d}a \wedge b\theta a + b\theta a \wedge b\theta a + b\Omega a - b\theta a \wedge b\,\mathrm{d}a \\
&= (-b\,\mathrm{d}a + b\theta a) \wedge (-b\,\mathrm{d}a + b\theta a) + b\Omega a \\
&= \tilde{\theta} \wedge \tilde{\theta} + b\Omega a,
\end{aligned}$$

其中用到 $\mathrm{d}b\, a + b\,\mathrm{d}a = 0$.

可见, 新的标架场下的曲率形式构成的矩阵 $\tilde{\Omega}$ 满足

$$\tilde{\Omega} = \mathrm{d}\tilde{\theta} - \tilde{\theta} \wedge \tilde{\theta} = b\Omega a. \tag{7.8}$$

我们把 (7.7) 和 (7.8) 称为标架的变换公式.

下面我们以两个例子来说明如何在具体的流形上应用外微分法计算曲率.

例 7.9 考虑如下定义在 $\mathbb{R}^m$ 的某个开集 U 上的度量

$$g = \frac{4}{(1+k|x|^2)^2}(\mathrm{d}\,x^1 \otimes \mathrm{d}\,x^1 + \cdots + \mathrm{d}\,x^m \otimes \mathrm{d}\,x^m),$$

其中 k 为常数. 上式右端的表达式就是在 Riemann 的演讲中唯一单独成行的公式. 现在我们来计算它的曲率形式. 为此, 记 $\rho = (1+k|x|^2)/2$, 并令 $\omega^i = \dfrac{1}{\rho}\,\mathrm{d}\,x^i$, $1 \leqslant i \leqslant m$, 则 $\{\omega^i\}$ 是标准正交余标架场.

根据例 2.10, 联络形式构成的矩阵为 $\theta = (\omega_j^i) = \omega^t\tau - \tau^t\omega$. 其中 $\tau = (\rho_1, \cdots, \rho_m)$, $\rho_i = \partial_i(\rho) = kx^i$. 如果记 $x = (x^1, \cdots, x^m)$, 则有 $\tau = kx$. 因此

$$\theta = k(\omega^t x - x^t \omega). \tag{7.9}$$

注意

$$\begin{aligned}
\mathrm{d}(\omega^t x) &= \mathrm{d}\,\omega^t x - \omega^t \wedge \mathrm{d}\,x \\
&= -\theta^t \wedge \omega^t x - \omega^t \wedge \rho\omega \\
&= -k(x^t\omega - \omega^t x) \wedge \omega^t x - \rho\omega^t \wedge \omega \\
&= k\omega^t x \wedge \omega^t x - \rho\omega^t \wedge \omega.
\end{aligned}$$

转置得

$$\mathrm{d}(x^t\omega) = -kx^t\omega \wedge x^t\omega + \rho\omega^t \wedge \omega.$$

以上两式结合 (7.9), 就得到

$$\mathrm{d}\,\theta = k^2(\omega^t x \wedge \omega^t x + x^t \omega \wedge x^t \omega) - 2k\rho\omega^t \wedge \omega.$$

又注意到

$$\begin{aligned}
\theta \wedge \theta &= k^2(\omega^t x - x^t \omega) \wedge (\omega^t x - x^t \omega) \\
&= k^2(\omega^t x \wedge \omega^t x + x^t \omega \wedge x^t \omega) - k^2|x|^2\omega^t \wedge \omega.
\end{aligned}$$

以上两个结果合起来, 就得到

$$\Omega = (-2k\rho + k^2|x|^2)\omega^t \wedge \omega = -k\omega^t \wedge \omega.$$

例 7.10(乘积流形的曲率)   如果 (M, g) 和 (N, h) 分别是黎曼流形, 且曲率已知, 则黎曼直积 $(M \times N, g + h)$ 的曲率是容易计算的. 事实上, 分别取 M 和 N 的局部标准正交余标架场 $\{\omega\}$ 和 $\{\alpha\}$, 设相应的联络矩阵分别为 θ 和 β, 则有

$$\mathrm{d}\omega = \omega \wedge \theta, \quad \mathrm{d}\alpha = \alpha \wedge \beta.$$

将它们合起来, 就得到

$$\mathrm{d}(\omega, \alpha) = (\omega, \alpha) \wedge \begin{pmatrix} \theta & 0 \\ 0 & \beta \end{pmatrix},$$

右端最后一个矩阵是反对称的, 所以它就是乘积流形的联络矩阵, 将它记作 π. 于是曲率形式为

$$\mathrm{d}\pi - \pi \wedge \pi = \begin{pmatrix} \mathrm{d}\theta - \theta \wedge \theta & 0 \\ 0 & \mathrm{d}\beta - \beta \wedge \beta \end{pmatrix}.$$

也就是说, 乘积流形的曲率形式, 恰好是两个分量的曲率形式构成的分块对角矩阵.

7.3   附   注

曲率是黎曼几何中最重要的概念. 关于二维黎曼流形, 即曲面的理论, do Carmo[9] 对曲率的处理不仅提供了丰富的直观, 而且其方法能自然地过渡到高维情形. 理解了曲率形式之后, 阅读陈省身[11] 对 Gauss-Bonnet 定理的证明就没有大的障碍了.

黎曼在其演讲中提到, 给定曲率, 则倒过来可以决定度量. 对于张量版本的曲率, 这个结论无疑是不对的. 不过 E. Cartan 可以证明, 给定曲率张量及其所有共变导数, 则可以决定度量, 这个结论的更加几何化的版本就是 Cartan 等距定理. 在大范围, 也称为 Cartan-Ambrose-Hicks 定理. 本书中不会涉及这一定理, 感兴趣的读者可参考 [38] 或 [52].

由于曲率张量是用联络来定义的, 所以它的几何意义可以用平行移动来说明, 读者可参考 [2] 或习题 7.4. 曲率算子与和乐群之间有深刻的联系, 某种意义上, 所有的曲率算子构成了和乐群的李代数. 这就是所谓的和乐定理 (其一般性的表述和证明见 [28]).

7.4   习   题

7.1 证明第一 Bianchi 恒等式等价于 $\omega \wedge \Omega = 0$.

7.2 证明第二 Bianchi 恒等式等价于 $\mathrm{d}\Omega = -\Omega \wedge \theta + \theta \wedge \Omega$.

7.3 设 X 是黎曼流形 (M, g) 的 Killing 场, p 点是函数 $f = \frac{1}{2} g(X, X)$ 的一个临界点, Z 是任意光滑向量场. 证明在 p 点处有 $D_X X = 0$, $g(D_X Z, X) = 0$, 并且

$$|D_Z X|^2 = Z(Z(f)) - R(X, Z, X, Z).$$

7.4 设 (M, g) 是黎曼流形, 且 $X, Y \in T_x M$ 线性无关. 取 x 点的局部坐标系 (U, x^i), 使得 x 点的坐标为 0, 且在 x 点处 $X = \partial_1$, $Y = \partial_2$. 考虑 $x_1 x_2$-平面上的四个点 $A(0, 0)$, $B(s, 0)$, $C(s, t)$, $D(t, 0)$, 考虑沿坐标轴的闭折线 $ABCD$ 的平行移动 P. 证明: 对任意 $Z \in T_x M$, 有

$$\lim_{s, t \to 0} \frac{1}{st} (Z - P(Z)) = R(X, Y) Z.$$

第八讲 截 面 曲 率

在上一讲, 我们介绍了以张量形式出现的曲率, 即黎曼曲率张量. 现在进一步介绍以函数形式出现的曲率. 为此, 我们首先研究黎曼曲率张量的代数性质.

8.1 截面曲率的定义

由于 $(0,4)$ 型张量 R 关于前两个分量和后两个分量分别具有反对称性, 我们可定义
$$R(u \wedge v,\ w \wedge z) = R(u,v,w,z), \quad u,v,w,z \in T_pM.$$
再作线性扩张, 就可将 R 看作 $\Lambda^2(T_pM)$ 上的双线性函数. 这时, 曲率张量 R 的对称性说明它是对称的双线性函数.

现在, 令
$$R_0(u,v,w,z) = g(u,w)g(v,z) - g(u,z)g(v,w), \quad u,v,w,z \in T_pM.$$
则容易验证, R_0 也满足与 R 一样的反对称性、对称性和第一 Bianchi 恒等式. 基于同样的理由, 我们也可将 R_0 看作 $\Lambda^2(T_pM)$ 上的对称双线性函数. 通常, 也将 $R_0(u \wedge v, u \wedge v) = R_0(u,v,u,v)$ 记作 $|u \wedge v|^2$, 因为它刚好等于 u 和 v 所张成的平行四边形面积的平方.

定义 8.1 在黎曼流形 (M,g) 上, 任取 T_pM 中一个二维子空间 P, 设 u,v 为 P 的一组基, 则如下定义的数量
$$-\frac{R(u,v,u,v)}{|u \wedge v|^2}$$
与这组基 u,v 的选取无关, 称为 P 的 **截面曲率**, 记作 $K(P)$ 或 $K(u \wedge v)$.

为了验证 $K(P)$ 与 u,v 的选取无关, 可以另取一组基 $\tilde{u}, \tilde{v}$, 并设从 u,v 到 $\tilde{u}, \tilde{v}$ 的过渡矩阵为 A, 则 $\tilde{u} \wedge \tilde{v} = \det(A)\, u \wedge v$. 这样
$$R(\tilde{u} \wedge \tilde{v}, \tilde{u} \wedge \tilde{v}) = \det(A)^2 R(u \wedge v, u \wedge v).$$
同理 $|\tilde{u} \wedge \tilde{v}|^2 = \det(A)^2 |u \wedge v|^2$. 这两式相比, 就证明了 $K(\tilde{u} \wedge \tilde{v}) = K(u \wedge v)$.

下面这个命题给出了截面曲率的几何意义. 它的证明将在第十一讲给出.

命题 8.2 在二维截面 $P \subset T_pM$ 上, 以 0 为圆心, r 为半径作圆 C, 设 $\exp_p(C)$ 的长度为 $L(r)$, 则有

$$K(P) = \lim_{r \to 0+} \frac{3(2\pi r - L(r))}{\pi r^3}.$$

定义 8.3 给定点 $p \in M$, 如果黎曼流形 (M, g) 的截面曲率 $K(P)$ 是与截面 $P \subset T_pM$ 的选取无关的常数, 则称 (M, g) 的截面曲率在 p 点是迷向的. 如果 (M, g) 的截面曲率在每一点都是迷向的, 则称 (M, g) 具有 **迷向截面曲率**; 进一步, 如果 (M, g) 的截面曲率处处为常数, 则称它为 **常曲率空间**. 特别地, 截面曲率恒为零的黎曼流形, 称为 **局部欧氏空间**.

为了用曲率张量来刻画截面曲率的迷向性质, 我们先建立如下引理.

引理 8.4 如果线性空间 V 上的 $(0, 4)$ 型张量 T 满足与 R 相同的反对称性、对称性和第一 Bianchi 恒等式, 且 $T(u, v, u, v) = 0$ 对任意 $u, v \in V$ 成立, 则 T 恒等于零.

证明 在 $T(u, v, v, u) = 0$ 中, 取 $v = v_1 + v_2$, 则有

$$\begin{aligned}
0 &= T(u, v_1 + v_2, v_1 + v_2, u) \\
&= T(u, v_1, v_2, u) + T(u, v_2, v_1, u) \\
&= -2T(u, v_1, u, v_2).
\end{aligned}$$

即 $T(u, v_1, u, v_2) = 0$ 对任意 u, v_1, v_2 成立, 这表明 T 关于第 1 和第 3 个分量也具有反对称性. 结合第一 Bianchi 恒等式就得到, T 恒为零. $\qquad \square$

命题 8.5 给定黎曼流形 (M, g) 上一点 p, 则以下条件两两等价:

(1) $K(P) = c$, c 为常数, $\forall P \subset T_pM$;

(2) $R(u, v, w, z) = -c \cdot R_0(u, v, w, z)$, $\forall u, v, w, z \in T_pM$;

(3) $R(u, v)w = -c \cdot (g(u, w)v - g(v, w)u)$, $\forall u, v, w \in T_pM$.

证明 (1)$\Longrightarrow$(2). 显然 (1) 等价于 $R(u, v, u, v) = -cR_0(u, v, u, v)$ 对任意 u, $v \in T_pM$ 成立. 在引理 8.4 中取 $T = R + cR_0$, 就得到 (2).

(2)$\Longrightarrow$(3). 注意 $R(u, v, w, z) = g(R(u, v)w, z)$ 且

$$R_0(u, v, w, z) = g(g(u, w)v - g(v, w)u, z).$$

由 z 的任意性可知 (3) 成立.

(3)$\Longrightarrow$(1). 这是比较明显的. $\qquad \square$

如果用曲率形式来刻画, 则有

命题 8.6 黎曼流形 (M, g) 具有迷向截面曲率, 即 $K(P) = c(x)$, $\forall P \subset T_xM$, 当且仅当在任意局部标架场 $\{e_i\}$ 下, 曲率形式满足

$$\Omega_k^l = -cg_{kj}\omega^j \wedge \omega^l.$$

证明　如果 (M, g) 具有迷向截面曲率 c, 则由命题 8.5 可知

$$R(u, v)w = -c \cdot (g(u, w)v - g(v, w)u).$$

取 $u = e_i$, $v = e_j$, $w = e_k$, 就有

$$R_k{}^l{}_{ij} e_l = -c \cdot (g_{ik}e_j - g_{jk}e_i) = -c \cdot (g_{ik}\delta^l_j - g_{jk}\delta^l_i)e_l,$$

两端比较可知

$$R_k{}^l{}_{ij} = -c \cdot (g_{ik}\delta^l_j - g_{jk}\delta^l_i).$$

这样, 由命题 7.7 就可得到

$$\Omega^l_k = R^l_{kij}\omega^i \wedge \omega^j = -cg_{kj}\omega^j \wedge \omega^l.$$

命题得证.　　　　　　　　　　　　　　　　　　　　　　　　　　　　□

注　有时, 为了叙述简便, 可记 $\omega_j = g_{jk}\omega^k$. 这样, 上述方程也可写为

$$\Omega^i_j = -c\omega_j \wedge \omega^i.$$

利用无挠性 $\mathrm{d}\omega^k = \omega^j \wedge \omega^k_j$ 和与度量相容性 $\mathrm{d}g_{jk} = g_{ik}\omega^i_j + g_{ji}\omega^i_k$, 我们可得

$$\begin{aligned}
\mathrm{d}\omega_j &= \mathrm{d}(g_{jk}\omega^k) = \mathrm{d}g_{jk} \wedge \omega^k + g_{jk}\mathrm{d}\omega^k \\
&= (g_{ik}\omega^i_j + g_{ji}\omega^i_k) \wedge \omega^k + g_{jk}\omega^i \wedge \omega^k_i \\
&= g_{ik}\omega^i_j \wedge \omega^k = -\omega_i \wedge \omega^i_j.
\end{aligned}$$

也就是说, 在作外微分时, ω_j 与 ω^j 的表现是类似的. 特别地, 如果取标准正交标架场, 则可将所有指标都写为下标.

下面我们证明, 当维数 $\geqslant 3$ 时, 迷向截面曲率和常曲率是一回事.

定理 8.7(Schur)　如果 (M, g) 是维数 $\geqslant 3$ 的连通黎曼流形, 且具有迷向截面曲率 $c(x)$, 则 c 必为常值函数, 即 M 是常曲率空间.

证明　任取局部标架场 $\{e_i\}$, 则由命题 8.6 可知, 曲率形式为

$$\Omega^i_j = -c\omega_j \wedge \omega^i.$$

一方面, 直接对上式作外微分, 可得

$$\begin{aligned}
\mathrm{d}\Omega^i_j &= -\mathrm{d}c \wedge \omega_j \wedge \omega^i - c\mathrm{d}\omega_j \wedge \omega^i + c\omega_j \wedge \mathrm{d}\omega^i \\
&= -\mathrm{d}c \wedge \omega_j \wedge \omega^i + c\omega_k \wedge \omega^k_j \wedge \omega^i + c\omega_j \wedge \omega^k \wedge \omega^i_k.
\end{aligned}$$

另一方面, 由第二 Bianchi 恒等式, 可得

$$\mathrm{d}\,\Omega_j^i = -\Omega_j^k \wedge \omega_k^i + \omega_j^k \wedge \Omega_k^i = c\omega_j \wedge \omega^k \wedge \omega_k^i - c\omega_j^k \wedge \omega_k \wedge \omega^i.$$

比较两方面的结果可得

$$\mathrm{d}\,c \wedge \omega_j \wedge \omega^i = 0.$$

将它与 g^{jk} 缩并, 就得到

$$\mathrm{d}\,c \wedge \omega^k \wedge \omega^i = 0.$$

这意味着 $\mathrm{d}\,c$ 与任意的 ω^k, ω^i 都是线性相关的. 在维数 $\geqslant 3$ 时就有 $\mathrm{d}\,c = 0$, 即 c 是常值函数. $\qquad\square$

8.2 常曲率空间

下面的定理给出了常曲率空间的黎曼度量在局部上的描述.

定理 8.8(Riemann) *如果黎曼流形 (M, g) 的截面曲率为常数 c, 则任意一点 $p \in M$ 处, 存在坐标系 (x^i), 使得*

$$g = \frac{4}{(1+c|x|^2)^2} \delta_{ij}\, \mathrm{d}\,x^i \otimes \mathrm{d}\,x^j,$$

其中 $|x|^2 = \sum_{i=1}^m (x^i)^2$.

证明   由于结论是局部的, 不妨设 M 本身就是 $\mathbb{R}^m$ 的开集. 任取标准正交标架场 e_i 及其对偶 ω^i, 则有如下矩阵形式的结构方程

$$\mathrm{d}\,\omega = \omega \wedge \theta, \tag{8.1}$$

$$\mathrm{d}\,\theta = \theta \wedge \theta - c\omega^t \wedge \omega, \tag{8.2}$$

其中 $\omega = (\omega^1, \cdots, \omega^m)$; θ 为联络形式构成的反对称矩阵.

构造 M 上的纤维丛 $P := M \times O(m) \times \mathbb{R}^m$, 并设 $a = (a_i^j)$, $x = (x^i)$ 分别是 $O(m)$, $\mathbb{R}^m$ 上的位置函数. 记 $b = a^t = a^{-1}$, $\rho(x) = \dfrac{1}{2}(1+c|x|^2)$, 则 $\mathrm{d}\,\rho = cx\,\mathrm{d}\,x^t$. 我们在 P 上构造如下的 1 形式

$$
\begin{aligned}
\tilde{\omega}^i &= a_j^i \omega^j, \\
\tilde{\theta}_j^i &= -b_j^k\, \mathrm{d}\,a_k^i + b_j^k \theta_k^l a_l^i, \\
\sigma^i &= \mathrm{d}\,x^i - \rho\tilde{\omega}^i, \\
\xi_j^i &= \tilde{\theta}_j^i - c(\tilde{\omega}^j x^i - x^j \tilde{\omega}^i).
\end{aligned}
$$

与前面一样, 也可将它们写为矩阵形式

$$\tilde{\omega} = \omega \, a, \tag{8.3}$$

$$\tilde{\theta} = -b \, \mathrm{d}\, a + b \, \theta \, a, \tag{8.4}$$

$$\sigma = \mathrm{d}\, x - \rho \tilde{\omega}, \tag{8.5}$$

$$\xi = \tilde{\theta} - c(\tilde{\omega}^t x - x^t \tilde{\omega}). \tag{8.6}$$

由标架的变换公式, 可得

$$\mathrm{d}\, \tilde{\omega} = \tilde{\omega} \wedge \tilde{\theta},$$

$$\mathrm{d}\, \tilde{\theta} = \tilde{\theta} \wedge \tilde{\theta} - c\tilde{\omega}^t \wedge \tilde{\omega}.$$

又由 (8.5) 和 (8.6) 可分别得到

$$\mathrm{d}\, x \equiv \rho \tilde{\omega} \quad (\mathrm{mod}\ \sigma), \tag{8.7}$$

$$\tilde{\theta} \equiv c(\tilde{\omega}^t x - x^t \tilde{\omega}) \quad (\mathrm{mod}\ \xi). \tag{8.8}$$

现在, 利用上述结果, 继续外微分 (8.5) 可得

$$\mathrm{d}\, \sigma = - \mathrm{d}\, \rho \wedge \tilde{\omega} - \rho \, \mathrm{d}\, \tilde{\omega}$$

$$= -cx \, \mathrm{d}\, x^t \wedge \tilde{\omega} - \rho \tilde{\omega} \wedge \tilde{\theta}.$$

将 (8.7) 和 (8.8) 代入上式, 并利用 $\tilde{\omega} \wedge \tilde{\omega}^t = 0$ 以及 $x\tilde{\omega}^t = \tilde{\omega}x^t$, 即可得到

$$\mathrm{d}\, \sigma \equiv 0 \quad (\mathrm{mod}\ \sigma, \xi).$$

最后, 外微分 (8.6), 可得

$$\mathrm{d}\, \xi = \mathrm{d}\, \tilde{\theta} - c(\mathrm{d}\, \tilde{\omega}^t x - \tilde{\omega}^t \wedge \mathrm{d}\, x - \mathrm{d}\, x^t \wedge \tilde{\omega} - x^t \, \mathrm{d}\, \tilde{\omega})$$

$$= \tilde{\theta} \wedge \tilde{\theta} - c\tilde{\omega}^t \wedge \tilde{\omega} - c(-\tilde{\theta}^t \wedge \tilde{\omega}^t x - \tilde{\omega}^t \wedge \mathrm{d}\, x - \mathrm{d}\, x^t \wedge \tilde{\omega} - x^t \tilde{\omega} \wedge \tilde{\theta}),$$

将 (8.7) 和 (8.8) 代入上式, 整理即得

$$\mathrm{d}\, \xi \equiv 0 \quad (\mathrm{mod}\ \sigma, \xi).$$

因此, 根据 Frobenius 定理, $\{\sigma^i, \xi_k^i\}$ 在 P 上完全可积, 即过 P 中任一点, 存在正则子流形 N, 使得 σ^i, ξ_k^i 限制在 N 上等于零. 注意 N 与纤维 $O(m) \times \mathbb{R}^m$ 处处是横截的, 所以, N 可以描述为从 M 到 $O(m) \times \mathbb{R}^m$ 的映射, 即存在函数 $a = (a_i^j) : M \to O(m)$, $x = (x^i) : M \to \mathbb{R}^m$, 使得

$$\mathrm{d}\, x^i = \rho a_j^i \omega^j.$$

从而 $\omega^j = \dfrac{1}{\rho} b_i^j \, \mathrm{d}\, x^i$. 这样我们最终得到

$$g = \delta_{jk} \omega^j \otimes \omega^k = \frac{1}{\rho^2} \delta_{ij} \, \mathrm{d}\, x^i \otimes \mathrm{d}\, x^j.$$

定理证毕. □

注　由于过 P 中任一点都存在积分子流形, 所以这里的坐标系并不唯一. 而且, 对于任一点 p, 可以取到这样的坐标系, 使 p 点的坐标为 $(0, \cdots, 0)$; 这时, 该坐标系被确定到相差一个正交变换. 此外, 将定理的结论与例 1.3~ 例 1.5 比较可知, 这三个例子都是常曲率空间, 截面曲率分别为 0, -1 和 $+1$.

这个定理是 Riemann 的演讲中非常重要的一部分. 定理中出现的度量的表达式是整个演讲中唯一单独成行的公式. Riemann 指出, 如果知道了黎曼流形的曲率, 则可倒过来确定黎曼度量. 上面的定理就是这一观点的一个特例, 而且广为流传. 不过, Riemann 所认为的曲率可决定度量这一观点, 一般而言, 是不正确的. 丘成桐在 [49] 中就给出了一个 3 维的反例. 不过, 我们可以证明 (参考 [29] 和 [49])

定理 8.9 (Kulkarni-Yau)　如果 $f : (M, g) \to (M', g')$ 是两个黎曼流形之间的微分同胚, 使得互相对应的二维平面的截面曲率相等, 即

$$K(P) = K'(f_* P), \quad \forall P \subset T_p M, p \in M.$$

那么, 当 (M, g) 不是常曲率空间且维数 $\geqslant 4$ 时, f 是等距.

定义 8.10　如果 (M, g) 是连通、单连通、完备的黎曼流形, 且截面曲率恒等于常数, 则称 (M, g) 为 **空间形式**.

下面这个定理 ([28, Thm 7.10]) 说明, 在每个维数, 具有给定截面曲率的空间形式在等距的意义下是唯一的.

定理 8.11　具有相同截面曲率且相同维数的两个空间形式 (M, g) 和 (M', g') 是等距的.

证明　在两个空间形式中各取一点, x 和 x', 则由定理 8.8 可知, 分别存在 x 和 x' 的法邻域 U, U', 使得 $f_U : U \to U'$ 为等距. 具体地, 可以分别在 U, U' 上取定理 8.8 所说的坐标系, 使得 x, x' 的坐标都是 0, 然后令 f_U 是具有相同坐标的点之间的映射.

接下来, 我们设法将 f_U 沿着任意一条曲线延拓. 对于从 x 出发的曲线 $c(t)$, $t \in [0, 1]$, $c(0) = x$, 我们可以沿着 $c(t)$ 构造一族法邻域 U_t 及等距 $f_t : U_t \to f_t(U_t)$, 使得: ① $U_0 = U$, $f_0 = f_U$; ② 对任意 t, 存在正数 δ, 使得当 $|s - t| < \delta$ 时, $c(s) \in U_t$, 且 f_s 与 f_t 在 $c(s)$ 的某个邻域内重合. 容易看出, 这样的延拓存在, 且是唯一的.

现在, 对于 M 中任意一点 p, 取曲线 $c(t)$ 连接 x 与 p. 我们只需说明, 将 f_U 延拓到 p 点时, 不依赖于曲线 $c(t)$ 的选取, 就可保证前述延拓过程不会造成矛盾, 即

f_U 延拓到整个 M 时是有意义的. 事实上, 对于连接 x 与 p 的两条曲线 $c(t)$ 和 $\tilde{c}(t)$, 由于 (M, g) 是单连通的, 即存在连续映射 $H: [0,1] \times [0,1] \to M$, 使得 $H(0,t) = c(t)$, $H(1,t) = \tilde{c}(t)$. 这时, 我们可将 $[0,1] \times [0,1]$ 划分为 N^2 个小方格 (N 足够大), 使得每个小方格在 H 下的像都落在某个点的法邻域内. 由此就可看出, 沿着每个小方格的延拓都不会造成矛盾. 从而延拓到 p 点时是无歧义的.

这样, 我们就构造了 M 到 M' 的局部等距, 记作 f. 由于 M 是完备的, 所以 f 是覆叠映射 (定理 6.14). 又由于 M' 单连通, 所以 f 是微分同胚, 从而是等距.   □

在上述证明中, x 和 x' 都是任意的, 因此得到如下副产品.

推论 8.12   如果 (M, g) 是空间形式, 则等距群的作用是可迁的; 即对 M 中任意两点 p, q, 存在等距变换 f, 使得 $f(p) = q$.

注意, 如果 (M, g) 是截面曲率为常数 c 的空间形式, 则任取正数 λ, $(M, \lambda^2 g)$ 是截面曲率为常数 $\lambda^{-2} c$ 的空间形式. 因此, 要弄清所有的空间形式, 我们只需分别讨论 $c = 1, 0, -1$ 三种情形. 注意到球面 S^m、欧氏空间 $\mathbb{R}^m$ 以及双曲空间 H^m 都是单连通的且是完备的, 所以有

推论 8.13   如果 (M, g) 是截面曲率恒等于 c 的空间形式, 则

(1) 当 $c = 1$ 时, (M, g) 与球面 S^m 等距;

(2) 当 $c = 0$ 时, (M, g) 与欧氏空间 $\mathbb{R}^m$ 等距;

(3) 当 $c = -1$ 时, (M, g) 与双曲空间 H^m 等距.

推论 8.14   常曲率空间的万有覆盖是 S^m 或 $\mathbb{R}^m$.

最后, 我们对截面曲率的计算作一点注记. 在黎曼流形 (M, g) 上, 如果取局部标准正交标架场 $\{e_i\}$, 相应的曲率形式构成矩阵 Ω, 那么, $\Omega(X, Y)$ 就是曲率算子 $R(X, Y)$ 在标架 $\{e_i\}$ 下的矩阵. 因此, 若把切向量 X, Y 在标架 $\{e_i\}$ 下的坐标写为列向量 $\hat{X}, \hat{Y}$, 则

$$R(X, Y, Y, X) = \hat{X}^t \Omega(X, Y) \hat{Y}.$$

特别地, 当 X, Y 都是单位向量且正交时, 上式就等于截面曲率 $K(X \wedge Y)$.

8.3   附   注

黎曼在演讲中提到, 曲率原则上可以决定黎曼度量. 在大多数黎曼几何的教科书中, 只证明了截面曲率为零的黎曼流形是局部欧氏空间. 例如, M. Spivak[43] 第 II 卷针对这一结论一共给出了至少 3 种不同的证法.

沿着黎曼所指出的这个方向, 采用张量形式的曲率, E. Cartan 证明了相应的等距定理; 如果采用截面曲率, 则有 Kulkarni[29] 的定理. 这个定理的关键是, 当维

数 $\geqslant 4$ 时, 截面曲率决定了度量的共形类 (见习题 8.1). 基于这一点, S. T. Yau 利用活动标架法给出了简单的证明[49]. 这两篇文章都是比较易读的.

关于曲率的符号及其几何意义, M. Gromov[20] 有许多富有启发的观点.

关于常曲率空间的文献非常多, J. Wolf [48] 是最值得推荐的. 对于截面曲率为 0 和 +1 两种情形, 这本书的处理已经非常完美了. W. Thurston [44] 用初等的几何方法得到: 在任意 2 维流形上, 存在一个完备的黎曼度量, 其截面曲率为常数. 对于紧致曲面, 它还可加强为: 在任意紧致 2 维黎曼流形 (M, g) 上, 存在唯一的共形度量 $\rho^2 \cdot g$, 其截面曲率为常数. 详细证明可参考 [13].

8.4 习 题

8.1 设 M 是维数 $\geqslant 3$ 的光滑流形, g 和 g' 是 M 上两个黎曼度量, 截面曲率分别为 K 和 K'. 给定 $p \in M$, 如果 $K(P) = K'(P)$, $\forall P \subset T_pM$, 证明: g 和 g' 在 p 点是共形的.

8.2 若 N 是 M 的全测地子流形, 且 N, M 的截面曲率分别为 $\tilde{K}$ 和 K. 如果 $x \in N$, P 是 T_xN 中的二维子空间, 证明: $\tilde{K}(P) = K(P)$.

8.3 设黎曼流形 (M_1, g_1) 和 (M_2, g_2) 的黎曼曲率张量分别为 R_1 和 R_2, 黎曼直积 $M = M_1 \times M_2$ 的黎曼曲率张量为 R, 证明

$$R(X, Y, Y, X) = R_1(X_1, Y_1, Y_1, X_1) + R_2(X_2, Y_2, Y_2, X_2),$$

其中 $X, Y \in \mathfrak{X}(M)$, 且 $X_i = \pi_{i*}X$, $Y_i = \pi_{i*}Y$, π_i 是从 M 到 M_i 的自然投影, $i = 1, 2$.

8.4 如果 m 维连通黎曼流形 (M, g) 的等距群的维数是 $m(m+1)/2$, 证明 M 是常曲率空间.

8.5 考虑 $\mathbb{R}^2$ 上的如下度量 $g = \mathrm{d}\,x^2 + \rho^2\,\mathrm{d}\,y^2$, 其中 ρ 为 $\mathbb{R}^2$ 上的正值函数.

(1) 证明 Gauss 曲率 K 满足如下方程

$$\rho_{xx} + K \cdot \rho = 0.$$

(2) 给定 $\mathbb{R}^2$ 上的可微函数 K, 将 y 看作参数, 设 ρ 是上述方程的满足如下初值条件的解

$$\rho(x_0, y) = 1, \quad \rho_x(x_0, y) = 0,$$

证明 ρ 在 (x_0, y) 的一个邻域取正值. 因此, 任意可微函数局部上都可作为某个度量的 Gauss 曲率.

(3) 如果 $K(x, y) \leqslant 0$, 证明 (2) 中的解 ρ 在整个 $\mathbb{R}^2$ 上有定义, 而且相应的度量是完备的.

第九讲　弧长的第二变分

在这一讲, 我们将推导弧长的第二变分公式, 并以它为工具, 导出几个大范围的定理, 即 Weinstein 定理、Synge 定理, 以及 Wilking 连通性定理.

9.1　第二变分公式

设 $\Phi : (-\varepsilon, \varepsilon) \times [a, b] \to M$ 是测地线 $\gamma : [a, b] \to M$ 的一个变分, 变分向量场为 U. 又设

$$\hat{T} = \Phi_* \partial_t, \quad \hat{U} = \Phi_* \partial_u.$$

则我们有 $\hat{T}|_{u=0} = \dot{\gamma}$, $\hat{U}|_{u=0} = U$. 设变分曲线 γ_u 的能量为 $E(u)$, 即

$$E(u) = \int_a^b \frac{1}{2} |\hat{T}|^2 \, \mathrm{d}\,t.$$

我们已推导出能量的第一变分公式

$$E'(u) = g(\hat{T}, \hat{U})|_a^b - \int_a^b g(\nabla_{\hat{T}} \hat{T}, \hat{U}) \, \mathrm{d}\,t.$$

现在, 利用 $[\hat{U}, \hat{T}] = 0$, 即 $\nabla_{\hat{U}} \hat{T} = \nabla_{\hat{T}} \hat{U}$, 我们有

$$\begin{aligned}
& g(R(\hat{U}, \hat{T})\hat{T}, \hat{U}) \\
={} & g(\nabla_{\hat{U}} \nabla_{\hat{T}} \hat{T} - \nabla_{\hat{T}} \nabla_{\hat{U}} \hat{T}, \hat{U}) \\
={} & \partial_u g(\nabla_{\hat{T}} \hat{T}, \hat{U}) - g(\nabla_{\hat{T}} \hat{T}, \nabla_{\hat{U}} \hat{U}) - g(\nabla_{\hat{T}} \nabla_{\hat{T}} \hat{U}, \hat{U}) \\
={} & \partial_u g(\nabla_{\hat{T}} \hat{T}, \hat{U}) - g(\nabla_{\hat{T}} \hat{T}, \nabla_{\hat{U}} \hat{U}) - \partial_t g(\nabla_{\hat{T}} \hat{U}, \hat{U}) + |\nabla_{\hat{T}} \hat{U}|^2.
\end{aligned}$$

在上式中取 $u = 0$, 就得到

$$\partial_u g(\nabla_{\hat{T}} \hat{T}, \hat{U})|_{u=0} = \partial_t g(\dot{U}, U) - |\dot{U}|^2 + g(R(U, \dot{\gamma})\dot{\gamma}, U),$$

其中我们将 $\nabla_{\dot\gamma}U$ 简记为 $\dot U$. 利用上式, 我们可继续计算能量泛函在 $u = 0$ 处的二阶导数

$$
\begin{aligned}
E''(0) &= \partial_u g(\hat T, \hat U)\Big|_{(0,a)}^{(0,b)} - \int_a^b \partial_u g(\nabla_{\hat T}\hat T, \hat U)\Big|_{u=0} \,\mathrm d\,t \\
&= g(\nabla_{\hat U}\hat T, \hat U)\Big|_{(0,a)}^{(0,b)} + g(\hat T, \nabla_{\hat U}\hat U)\Big|_{(0,a)}^{(0,b)} \\
&\quad - \int_a^b \left\{ \partial_t g(\dot U, U) - |\dot U|^2 + g(R(U, \dot\gamma)\dot\gamma, U) \right\} \mathrm d\,t \\
&= g(\hat T, \nabla_{\hat U}\hat U)|_{(0,a)}^{(0,b)} + \int_a^b \left\{ |\dot U|^2 - g(R(U, \dot\gamma)\dot\gamma, U) \right\} \mathrm d\,t.
\end{aligned}
$$

至此, 我们就证明了

引理 9.1 (能量的第二变分公式)　设 $\Phi : (-\varepsilon, \varepsilon) \times [a, b] \to M$ 是测地线 $\gamma :$ $[a, b] \to M$ 的一个变分, 变分向量场为 U. 又设 $\hat T = \Phi_* \partial_t$, $\hat U = \Phi_* \partial_u$, 则变分曲线的能量泛函 $E(u) = \displaystyle\int_a^b \frac{1}{2}|\hat T|^2 \,\mathrm d\,t$ 满足如下等式

$$
E''(0) = g(\hat T, \nabla_{\hat U}\hat U)\Big|_{(0,a)}^{(0,b)} + \int_a^b \left\{ |\dot U|^2 - g(R(U, \dot\gamma)\dot\gamma, U) \right\} \mathrm d\,t. \tag{9.1}
$$

注　在实际应用中, 我们通常考虑以下几种特殊情形:

(1) 当 Φ 为定端变分时, 变分向量场满足 $U(a) = U(b) = 0$, 从而边界项 $g(\hat T, \nabla_{\hat U}\hat U)\Big|_{(0,a)}^{(0,b)}$ 为零;

(2) 当横截曲线都是测地线时, $\nabla_{\hat U}\hat U = 0$, 这时边界项也消失了;

(3) 当变分向量场 U 沿 γ 平行时, $\dot U = 0$. 但这时的变分公式仍与 $\hat U$ 有关, 而不仅仅依赖于 U.

接下来我们继续考虑弧长泛函 $L(u) = \displaystyle\int_a^b |\hat T| \,\mathrm d t$. 由于

$$
L'(u) = \int_a^b \partial_u |\hat T| \,\mathrm d t = \int_a^b \frac{1}{|\hat T|} \partial_u \left(\frac{1}{2}|\hat T|^2 \right) \mathrm d t,
$$

我们有

$$
L''(u) = \int_a^b \left\{ \frac{1}{|\hat T|} \partial_u \partial_u \left(\frac{1}{2}|\hat T|^2 \right) - \frac{1}{|\hat T|^3} \left(\partial_u \left(\frac{1}{2}|\hat T|^2 \right) \right)^2 \right\} \mathrm d t.
$$

其中 $\partial_u \left(\dfrac{1}{2}|\hat T|^2 \right) = g(\nabla_{\hat U}\hat T, \hat T) = g(\nabla_{\hat T}\hat U, \hat T)$, 所以

$$
L''(0) = \frac{1}{|\dot\gamma|} E''(0) - \frac{1}{|\dot\gamma|^3} \int_a^b g(\dot U, \dot\gamma)^2 \,\mathrm d t. \tag{9.2}
$$

这就是弧长的第二变分公式.

9.2   Weinstein 定理和 Synge 定理

下面我们给出这一公式的两个直接应用.

定理 9.2(Weinstein)   设 (M, g) 是紧致、可定向的黎曼流形, 且截面曲率 K 恒大于 0. 又设 $f : M \to M$ 是等距. 如果① $\dim M$ 为偶数且 f 保持定向, 或② $\dim M$ 为奇数且 f 反定向, 则 f 有不动点.

证明   考虑函数 $F(x) = d(x, f(x))$, $x \in M$. 由于 M 紧致, 可设 F 在 p 点取到最小值. 如果 p 和 $f(p)$ 是两个不同的点, 则有最短测地线 γ 连接 p 和 $f(p)$(注意, 由 M 紧致可知 M 是完备的). 设 $\gamma(0) = p$, $\gamma(1) = f(p)$.

任取一条过 p 的曲线 $c : (-\varepsilon, \varepsilon) \to M$, 其中 $c(0) = p$. 这时, 有最短测地线 γ_s 连接 $c(s)$ 和 $f(c(s))$, $s \in (-\varepsilon, \varepsilon)$. 注意 $\gamma_0 = \gamma$, 所以 $\Phi(s, t) = \gamma_s(t)$ 是 γ 的一个变分. 由于 γ 的长度在所有 γ_s 中是最短的, 所以, 由弧长的第一变分公式, 有

$$0 = g(\dot{\gamma}, S)|_0^1 - \int_0^1 g(\nabla_{\dot{\gamma}} \dot{\gamma}, S) \, \mathrm{d}\, t = g(\dot{\gamma}, S)|_0^1,$$

即 $g(\dot{\gamma}(0), S(0)) = g(\dot{\gamma}(1), S(1))$. 注意变分向量场 S 满足 $S(0) = c'(0)$, $S(1) = f_* c'(0)$; 由 c 的任意性, 可知

$$g(\dot{\gamma}(0), v) = g(\dot{\gamma}(1), f_* v), \quad \forall v \in T_p M.$$

结合 f 是等距, 可得 $\dot{\gamma}(1) = f_* \dot{\gamma}(0)$.

现在记 $P : T_{f(p)} M \to T_p M$ 为沿 γ 的平行移动, 并记 $A = P \circ f_{*p}$, 则 A 是欧氏空间 $T_p M$ 的正交变换, 且 $A(\dot{\gamma}(0)) = \dot{\gamma}(0)$, 即 $\dot{\gamma}(0)$ 是属于特征值 1 的特征向量.

(1) 如果 f 保持定向, 则 $|A| > 0$, 结合 $\dim M$ 为偶数可知特征值 1 的重数为偶数, 因此 A 有另一个属于特征值 1 的特征向量 U_0, 且 U_0 与 $\dot{\gamma}(0)$ 正交.

(2) 如果 f 反定向, 则 $|A| < 0$, 结合 $\dim M$ 为奇数可知特征值 1 的重数为偶数, 这时也有另一个属于特征值 1 的特征向量 U_0 与 $\dot{\gamma}(0)$ 正交.

总而言之, 无论哪种情形, 我们都能找到非零切向量 $U_0 \in T_p M$ 使得 $AU_0 = U_0$, 且 $U_0 \perp \dot{\gamma}(0)$.

将 U_0 沿测地线 γ 平行移动, 得到向量场 $U(t)$. 定义变分

$$\Psi(u, t) = \exp_{\gamma(t)}(u U(t)),$$

则横截曲线都是测地线, $D_{\hat{U}} \hat{U} = 0$. 因此, 弧长的第二变分满足

$$L''(0) = -\frac{1}{|\dot{\gamma}|} \int_0^1 g(R(U, \dot{\gamma})\dot{\gamma}, U) \, \mathrm{d}\, t,$$

其中 $g(R(U, \dot{\gamma})\dot{\gamma}, U) = K(\dot{\gamma} \wedge U)|\dot{\gamma} \wedge U|^2 > 0$, 所以 $L''(0) < 0$. 这表明, 当 u 的取值区间足够小时, γ 的长度在这族变分曲线中是最长的.

但由 U_0 的性质可知 $U(1) = P^{-1}U_0 = f_*U_0$. 所以 f 将测地线 $\theta_0(u) = \exp_{\gamma(0)}(uU_0)$ 变为测地线 $\theta_1(u) = \exp_{\gamma(1)}(uU(1))$. 也就是说, 每条变分曲线恰好连接 $\theta_0(u)$ 和 $f(\theta_0(u))$, 其长度小于 γ 的长度. 从而 $\theta_0(u)$ 与 $f(\theta_0(u))$ 之间的距离小于 $d(p, f(p))$. 这与 p 是最小值点矛盾. 因此, p 是 f 的不动点. □

定理 9.3(Synge) 设 (M, g) 是紧致黎曼流形, 且截面曲率 K 恒大于 0.

(1) 若 $\dim M$ 为偶数, 则 M 的基本群为 0 或 $\mathbb{Z}_2$;

(2) 若 $\dim M$ 为奇数, 则 M 可定向.

证明 (1) 我们先讨论 M 可定向的情形, 假设 $\pi_1(M) \neq 0$, 则存在一条闭曲线, 不能连续收缩为一点. 在这条曲线的同伦类中, 取一条长度最短的闭曲线 $\gamma : [0, 1] \to M$, $\gamma(0) = \gamma(1) = p$, 则 γ 是测地线, 且 $\dot{\gamma}(0) = \dot{\gamma}(1)$. 沿 γ 的平行移动定义了一个正交变换 $P : T_pM \to T_pM$. 易知 $P(\dot{\gamma}(0)) = \dot{\gamma}(1) = \dot{\gamma}(0)$, 即 $\dot{\gamma}(0)$ 是 P 的属于特征值 1 的特征向量.

由于平行移动是保持定向的, 所以 $|P| > 0$. 这表明 P 的特征值 1 的重数为偶数. 因此, P 有另一属于特征值 1 的特征向量 U_0, 且 $U_0 \perp \dot{\gamma}(0)$. 将 U_0 沿 γ 平行移动, 得到向量场 U. 以 U 为变分向量场, 构造变分, 则有

$$L''(0) = -\frac{1}{|\dot{\gamma}|} \int_0^1 g(R(U, \dot{\gamma})\dot{\gamma}, U)\, \mathrm{d}t < 0.$$

这与 γ 的长度最小矛盾. 因此, 当 M 可定向时, $\pi_1(M) = 0$.

当 M 不可定向时, M 有二重覆叠 $\pi : \tilde{M} \to M$, 使得 $\tilde{M}$ 是可定向的. 在 $\tilde{M}$ 上, 诱导度量 π^*g 的截面曲率仍恒大于 0. 因此, 由已证的结论, $\pi_1(\tilde{M}) = 0$, 从而 $\pi_1(M) = \mathbb{Z}_2$.

(2) 用反证法. 假设 M 不可定向, 考虑 M 的可定向覆叠 $\pi : \tilde{M} \to M$. 在 $\tilde{M}$ 上, 诱导度量 π^*g 的截面曲率仍恒大于 0. 而覆叠变换是 $\tilde{M}$ 到自身的等距, 它反定向, 但没有不动点, 这就与 Weinstein 定理矛盾. □

一个重要的问题是, 在哪些流形上存在截面曲率处处大于 0 的黎曼度量? 目前已知的例子是相当少的; Synge 定理可以给这个问题提供一些参考. 例如, $\mathbb{R}P^2 \times \mathbb{R}P^2$ 是偶数维可定向流形, 但它不是单连通的 (它的万有覆叠是 $S^2 \times S^2$). 所以, 根据 Synge 定理, 在 $\mathbb{R}P^2 \times \mathbb{R}P^2$ 上不存在正曲率黎曼度量. Hopf 曾猜想: 在 $S^2 \times S^2$ 上不存在正曲率黎曼度量. 直到目前, 这一猜想尚未取得任何进展.

9.3 连 通 性

回顾一下, 对于拓扑空间 M 的子空间 A, 如果相对同伦群满足

$$\pi_i(M, A) = 0, \quad i = 1, 2, \cdots, k,$$

则称 $A \subset M$ 是 k 连通的.

当 M 是黎曼流形, 且 A 是紧集时, 考虑两端都在 A 中的曲线 γ. 如果 γ 是能量泛函 E 的一个临界点, 则 γ 是测地线, 并且由于这时变分向量场在两端与 A 相切, 所以 γ 在两端都与 A 正交. 如果存在 γ 的 k 个线性无关的变分向量场, 使得相应的第二变分为负数, 则称临界点 γ 的指标 $\geqslant k$.

我们不加证明地叙述以下事实, 其证明可参考 [46].

定理 9.4   设 (M, g) 是完备的黎曼流形, $A \subset M$ 是紧致的子流形. 如果任意两端都在 A 中的测地线 $\gamma : [0, 1] \to M$ 的指标 $\geqslant k$, 则 $A \subset M$ 是 k 连通的.

定理 9.5(Wilking)   设 (M, g) 是紧致的 m 维黎曼流形, 且 $K > 0$. 如果 N 是 k 维全测地子流形, 则 $N \subset M$ 是 $2k - m + 1$ 连通的.

证明   考虑两端都在 N 中的测地线 γ. 设 V 是沿 γ 平行的向量场, 使得 V 在 γ 两端都与 N 相切. 以 V 为变分向量场, 构造如下的变分

$$\Phi(u, t) = \exp_{\gamma(t)}(uV(t)), \quad u \in (-\varepsilon, \varepsilon) \times [0, 1].$$

由于 N 是全测地的, 所以 $\Phi(u, 0), \Phi(u, 1)$ 都在 N 中. 由第二变分公式, 可得

$$E''(0) = \int_0^1 -g(R(U, \dot{\gamma})\dot{\gamma}, U) \, \mathrm{d}t < 0.$$

因此, γ 的指标不小于上述平行向量场所构成的线性空间的维数.

将 $T_{\gamma(0)}N$ 沿 γ 平行移动, 得到 $T_{\gamma(1)}M$ 的子空间 P. 易知上述平行向量场所构成的线性空间同构于 $P \cap T_{\gamma(1)}N$. 注意 P 和 $T_{\gamma(1)}N$ 都与 $\dot{\gamma}(1)$ 正交, 我们有

$$\dim(P \cap T_{\gamma(1)}N)$$
$$= \dim(P) + \dim(T_{\gamma(1)}N) - \dim(P + T_{\gamma(1)}N)$$
$$\geqslant k + k - (m - 1) = 2k - m + 1.$$

因此, γ 的指标 $\geqslant 2k - m + 1$, 从而由定理 9.4 可知 $N \subset M$ 是 $2k - m + 1$ 连通的. $\square$

9.4   附   注

T. Frankel 应用 Synge 定理的想法证明了如下结论: 正曲率流形中, 任意两个维数之和足够大的全测地子流形一定相交 (见 [18], 另见习题 9.3). 对于正曲率的 Kähler 流形, 全测地的条件可以放宽为复解析.

F. Fang, S. Mendonca 和 X. Rong[16] 将 Weinstein 定理、Wilking 定理以及 Frankel 的结果统一叙述为更一般的连通性原理. 在这一讲的基础上, 了解 Morse 理论的读者可以尝试阅读.

9.5 习   题

9.1 (Wilhelm) 设 (M, g) 为完备的 m 维黎曼流形, 截面曲率 $K \geqslant 1$, 且 M 中任意不同伦于零的曲线的长度 $> \ell$, 其中 $\ell = \pi \sqrt{(m-2)/(m-1)}$, 证明:

(1) 若 m 为偶数且 M 可定向, 则 M 是单连通的;

(2) 若 m 为奇数, 则 M 可定向.

9.2 (Klingenberg) 设 M 是紧致、偶数维可定向的黎曼流形, 且截面曲率 K 满足 $0 < K \leqslant \Delta$, 则 M 中任意距离 $< \pi/\sqrt{\Delta}$ 的两点可用唯一的最短测地线连接.

9.3 设 M 是完备的连通黎曼流形, 且 $K > 0$. 又设 V 和 W 是全测地子流形, 且 $\dim V + \dim W \geqslant \dim M$. 证明 V 和 W 的交集非空.

第十讲 Ricci 曲率和数量曲率

按照 E. Cartan 的观点, 黎曼流形的所有局部不变量都可以通过对结构方程作外微分得到. 截面曲率是第一组局部不变量, 它已经比较复杂了. 在这一讲, 我们来介绍从截面曲率衍生出来的两种较简单的曲率量, 即 Ricci 曲率和数量曲率.

10.1 Ricci 曲 率

定义 10.1 对于给定的 $v, w \in T_pM$, 线性变换 $u \mapsto R(u,v)w$ 的迹, 记作 $\mathrm{Ric}(v,w)$, 称为 Ricci 曲率张量.

如果取 T_pM 的标准正交基 $\{e_i\}$ 及对偶基 $\{\omega^i\}$, 则有

$$\mathrm{Ric}(v,w) = \mathrm{tr}(u \mapsto R(u,v)w) = \sum_i \omega^i(R(e_i,v)w)$$
$$= \sum_i g(R(e_i,v)w, e_i) = \sum_i R(e_i,v,w,e_i).$$

注意到 $R(e_i,v,w,e_i) = R(e_i,w,v,e_i)$, 就得到

$$\mathrm{Ric}(v,w) = \mathrm{Ric}(w,v).$$

所以, Ricci 曲率张量是对称的 $(0,2)$ 型张量.

利用度量张量 g, 我们可把 Ricci 曲率张量改写为一个 $(1,1)$ 型张量, 仍记作 Ric; 对于 $v \in T_pM$, $\mathrm{Ric}(v)$ 是满足如下条件的唯一切向量

$$g(\mathrm{Ric}(v),w) = \mathrm{Ric}(v,w), \quad \forall w \in T_pM.$$

因此, Ric 是 T_pM 上的对称变换, 其特征值全为实数.

从定义可以看出, 如果取 T_pM 的标准正交基 $\{e_i\}$, 则对于非零切向量 $v \in T_pM$, 有

$$\mathrm{Ric}(v) = \sum_j R(v,e_j)e_j.$$

特别地

$$\mathrm{Ric}(e_i) = \sum_j R(e_i,e_j)e_j = \sum_j R_j{}^k{}_{ij}e_k,$$

可见, Ricci 曲率张量在标架场 $\{e_i\}$ 下的分量是 $R_i^k = \sum_j R_j{}^k{}_{ij}$. 进一步, 我们有

$$\operatorname{Ric}(e_1, e_1) = \sum_i R(e_i, e_1, e_1, e_i) = \sum_i K(e_i \wedge e_1), \qquad (10.1)$$

也就是说, 作为二次型, Ric 在单位向量 e_1 处的值 (通常也称为 e_1 方向的 Ricci 曲率), 恰好等于 $m-1$ 个两两正交的平面 $e_i \wedge e_1$ 的截面曲率之和. 特别地, 当维数等于 2 时, 无论哪个方向的 Ricci 曲率都等于截面曲率.

定义 10.2   如果存在只依赖于 $p \in M$ 的常数 $\kappa = \kappa(p)$, 使得 $\operatorname{Ric}(v) = \kappa v$ 对任意 $v \in T_pM$ 成立, 则称 Ricci 曲率在 p 点是 **迷向** 的. 如果 Ricci 曲率在每一点都是迷向的, 则称 (M, g) 具有 **迷向 Ricci 曲率**; 这时, 称 g 为 Einstein **度量**, 称 (M, g) 为 Einstein **流形**.

当维数 $m = 2$ 时, Ricci 曲率总等于截面曲率, 所以这时 (M, g) 总具有迷向 Ricci 曲率. 下面的定理说明, 当维数 $\geqslant 3$ 时, 迷向 Ricci 曲率事实上意味着 Ricci 曲率恒等于常数.

定理 10.3(Schur)   如果 (M, g) 是维数 $m \geqslant 3$ 的连通黎曼流形, 且具有迷向 Ricci 曲率, 即

$$\operatorname{Ric}(v) = \kappa(p) \cdot v, \quad \forall v \in T_pM, p \in M,$$

则 κ 为常值函数.

证明   定义光滑函数 s 和 1 形式 β 如下

$$s = \operatorname{tr}(\operatorname{Ric}), \quad \beta(Y) = \operatorname{tr}(X \mapsto (\nabla_X \operatorname{Ric})(Y)),$$

我们先来证明如下恒等式: $\mathrm{d}s = 2\beta$.

事实上, 若取局部标准正交标架场 $\{e_i\}$, 设黎曼曲率张量、Ricci 曲率张量以及 β 的分量分别为 $R_k{}^l{}_{ij}$, R_i^k 和 b_i, 则有 $R_i^k = \sum_j R_j{}^k{}_{ij}$, 以及

$$b_i = \beta(e_i) = \operatorname{tr}(X \mapsto (\nabla_X \operatorname{Ric})(e_i)) = \omega^k((\nabla_{e_k} \operatorname{Ric})(e_i))$$
$$= \omega^k(R^j{}_{i,k} e_j) = R^k{}_{i,k} = \sum_{j,k} R_j{}^k{}_{ij,k}.$$

现在, $s = R_j^j = \sum_{j,k} R_j{}^k{}_{kj}$, 所以 $\mathrm{d}s = s_{,i}\omega^i$, 其中

$$s_{,i} = \sum_{j,k} R_j{}^k{}_{kj,i}.$$

根据第二 Bianchi 恒等式, 我们有

$$R_j{}^k{}_{kj,i} + R_j{}^k{}_{ji,k} + R_j{}^k{}_{ik,j} = 0.$$

对 j, k 求和, 就得到 $s_{,i} = 2b_i$, 也即 $\mathrm{d}s = 2\beta$.

现在, 将 $\mathrm{Ric} = \kappa \cdot I$ 代入, 可知 $s = m\kappa$, 从而 $\mathrm{d}s = m\,\mathrm{d}\kappa$. 而另一方面, $\nabla_X \mathrm{Ric} = X(\kappa) \cdot I$, 所以

$$
\begin{aligned}
b_i &= \mathrm{tr}(X \mapsto (\nabla_X \mathrm{Ric})(e_i)) \\
&= \omega^k((\nabla_{e_k}\mathrm{Ric})(e_i)) \\
&= \omega^k(e_k(\kappa)e_i) = e_i(\kappa),
\end{aligned}
$$

即 $\beta = \mathrm{d}\kappa$. 将以上结果代入恒等式 $\mathrm{d}s = 2\beta$, 就得到 $m\,\mathrm{d}\kappa = 2\,\mathrm{d}\kappa$. 结合 $m \geqslant 3$, 可知 $\mathrm{d}\kappa = 0$, κ 为常值函数. $\qquad\square$

命题 10.4　三维的 Einstein 流形必定是常曲率空间.

证明　设三维黎曼流形 (M, g) 的 Ricci 曲率为常数 2κ. 对于任意 2 维平面 $P \subset T_pM$, 取 P 的一组标准正交基 e_1, e_2, 并扩充为 T_pM 的标准正交基 e_1, e_2, e_3, 则有

$$
K(e_1 \wedge e_2) + K(e_1 \wedge e_3) = \mathrm{Ric}(e_1, e_1) = 2\kappa.
$$

同理有

$$
K(e_2 \wedge e_3) + K(e_1 \wedge e_2) = 2\kappa, \quad K(e_1 \wedge e_3) + K(e_2 \wedge e_3) = 2\kappa.
$$

从以上方程组中可解得 $K(P) = K(e_1 \wedge e_2) = \kappa$. $\qquad\square$

下面我们来给出一些常见的 Einstein 流形的例子.

例 10.5　常曲率空间都是 Einstein 流形. 这是因为, 对于任一单位向量 $v \in T_pM$, 可取标准正交标架 $\{e_i\}$, 使得 $e_m = v$, 这样,

$$
\mathrm{Ric}(v, v) = \sum_{i=1}^{m-1} K(e_i \wedge e_m) = (m-1) = (m-1)c,
$$

其中常数 c 就是截面曲率. 可见这时 Ricci 曲率也为常数.

例 10.6　黎曼直积 $S^n \times S^n$ 是 Einstein 流形. 事实上, 由乘积流形的截面曲率公式 (习题 8.3), 易知 Ricci 曲率恒等于常数 $n - 1$.

黎曼流形 M 中任意两点间距离的上确界, 称为 M 的 **直径**, 记作 $\mathrm{diam}(M)$.

定理 10.7 (Bonnet-Myers)　设 (M, g) 是完备的 m 维黎曼流形, 且 Ricci 曲率有正的下界, 即存在 $\kappa > 0$ 使得

$$
\mathrm{Ric}(v, v) \geqslant (m-1)\kappa g(v, v), \quad \forall v \in T_pM, p \in M.
$$

那么, M 的直径满足 $\mathrm{diam}(M) \leqslant \dfrac{\pi}{\sqrt{\kappa}}$. 进一步, M 是紧致的, 且 M 的基本群是有限的.

以后我们将把定理中的条件简写为 $\mathrm{Ric} \geqslant (m-1)\kappa$.

证明 对于 M 中任意两点 p, q, 设 $\gamma : [0,1] \to M$ 是连接这两点的最短测地线, 长度为 l, $\gamma(0) = p$, $\gamma(1) = q$. 取沿 γ 平行的标准正交标架场 $\{e_i(t)\}$, 使得 $e_m(t) = \frac{1}{l}\dot{\gamma}$. 令

$$U_i(t) = \sin(\pi t)e_i(t), \quad 1 \leqslant i \leqslant m-1,$$

则 U_i 是沿 γ 定义的向量场, 且 $U_i(0) = U_i(1) = 0$. 分别以 U_i 为变分向量场, 构造定端变分 Φ_i, 则由弧长的第二变分公式可得 (注意 $U_i \perp \dot{\gamma}$ 且 $\dot{U}_i \perp \dot{\gamma}$)

$$
\begin{aligned}
L_i''(0) &= \frac{1}{l}\int_0^1 \{|\dot{U}_i|^2 - g(R(U_i, \dot{\gamma})\dot{\gamma}, U_i)\}\,\mathrm{d}t \\
&= \frac{1}{l}\int_0^1 \{\pi^2 \cos^2(\pi t) - l^2 \sin^2(\pi t)K(e_i \wedge e_m)\}\,\mathrm{d}t.
\end{aligned}
$$

求和得

$$l \cdot \sum_{i=1}^{m-1} L_i''(0) = (m-1)\pi^2 \int_0^1 \cos^2(\pi t)\,\mathrm{d}t - l^2 \int_0^1 \sin^2(\pi t)\mathrm{Ric}(e_m, e_m)\,\mathrm{d}t.$$

将 $\mathrm{Ric}(e_m, e_m) \geqslant (m-1)\kappa$ 代入上式, 并算出右端的积分, 可得

$$l \cdot \sum_{i=1}^{m-1} L_i''(0) \leqslant (m-1)(\pi^2 - l^2\kappa).$$

由于 γ 在每一族变分曲线中都是最短线, 有 $L_i''(0) \geqslant 0$; 结合上式可得 $l \leqslant \pi/\sqrt{\kappa}$.

这就证明了 M 中任意两点之间的距离 $\leqslant \pi/\sqrt{\kappa}$. 因此 M 有界, 从而是紧致的 (Hopf-Rinow 定理). 进一步, 设 M 的万有覆叠为 $\pi : \tilde{M} \to M$, 则 $\tilde{M}$ 上的诱导度量 π^*g 仍是完备的, 且 Ricci 曲率仍有相同的正下界. 于是, $\tilde{M}$ 也是紧致的, 它只能是 M 的有限重覆叠. 因此 $\pi_1(M)$ 是有限群. $\qquad\square$

在 Bonnet-Myers 定理中, Ricci 曲率有正下界的条件不能改进为 $\mathrm{Ric} > 0$. 我们有如下定理.

定理 10.8 设 N 是单连通幂零李群, 则对足够大的正整数 p, 在 $M = \mathbb{R}^p \times N$ 上存在完备的黎曼度量, 其 Ricci 曲率恒 > 0, 且等距群包含 N.

证明 我们仅给出构造方法, 具体计算细节可参考 [45].

取 N 的李代数 $\mathfrak{n}$ 的一组基 $X_1, \cdots, X_n$, 使得 $[X, X_i] \in \mathrm{span}\{X_1, \cdots, X_{i-1}\}$, $\forall X \in \mathfrak{n}$.

对于 $X = \sum a_i X_i$, 定义 $|X|^2 = \sum h_i(r)^2 a_i^2$, 其中 $h_i(r) = (1+r^2)^{-\alpha_i}$, 且数列 $\{\alpha_i\}$ 满足 $\alpha_n = \alpha > 0$, $2\alpha_i - 4\alpha_{i+1} = 1$, $1 \leqslant i \leqslant n-1$. 容易验证, 这样得到 N 上一个几乎平坦的左不变度量 g_r, 其 Ricci 曲率满足

$$|\mathrm{Ric}_L(X_i)| \leqslant c(1+r^2)^{-1},$$

其中常数 c 仅依赖于 n 和 N 的结构常数.

现在考虑 M 上的度量

$$g = \mathrm{d}\,r^2 + f^2(r)\,\mathrm{d}\,s^2 + g_r,$$

其中 $\mathrm{d}\,s^2$ 是单位球面 $S^{p-1} \subset \mathbb{R}^p$ 的标准度量, $f(r) = r(1+r^2)^{-1/4}$. 由 $L_{X_i} g = 0$ 可知 X_i 是 Killing 场, 所以 g 的等距群包含 N.

由于 $f(0) = 0$, $f'(0) = 1$, $f''(0) = 0$, 且 $h_i'(0) = 0$, 容易验证 g 是完备的. 直接计算可知, 当 p 足够大时, $\mathrm{Ric} > 0$.   □

注意上述构造中的 p 通常是很大的. 当 N 为 3 维 Heisenberg 群时, 需要取 $p > 673$.

在三维情形, 我们有 (其证明可参考 [41]).

定理 10.9(Schoen-Yau)　三维完备、非紧黎曼流形 (M, g) 如果满足 $\mathrm{Ric} > 0$, 则 M 微分同胚于 $\mathbb{R}^3$.

下面的定理表明, 在维数 $\geqslant 3$ 时, Ricci 曲率为负没有任何拓扑上的障碍[31].

定理 10.10(Lohkamp)　任意 $\geqslant 3$ 维光滑流形上存在一个 C^2 黎曼度量, 其 Ricci 曲率处处为负.

不过, Ricci 曲率为负仍有几何上的影响.

定理 10.11(Bochner)　如果 (M, g) 为紧致、可定向黎曼流形, 且 $\mathrm{Ric} < 0$, 则等距群是离散的.

证明　若等距群不是离散的, 则有非零 Killing 场 X(参见习题 2.4). 考虑函数 $f = \dfrac{1}{2} g(X, X)$. 对任意向量场 V, 有

$$g(V, \nabla f) = V(f) = g(\nabla_V X, X) = -g(V, \nabla_X X),$$

其中最后一个等式我们用了习题 2.4 的结论: $V \mapsto \nabla_V X$ 是反对称变换. 由上式可知 $\nabla f = -\nabla_X X$. 于是

$$g(\nabla_V \nabla_X X, V) = -g(\nabla_V(\nabla f), V) = -\mathrm{Hess}\, f(V, V).$$

又记 $W = \nabla_V X$, 则由 ∇X 的反对称性可知 $g(W, V) = 0$, 从而 $X(g(W, V)) = 0$, 即 $g(\nabla_X W, V) + g(W, \nabla_X V) = 0$. 利用这一点以及 ∇X 的反对称性, 我们又得到

$$g(-\nabla_X \nabla_V X, V) = g(-\nabla_X W, V) = g(W, \nabla_X V),$$

$$g(-\nabla_{[V,X]} X, V) = g(\nabla_V X, [V, X]) = g(W, W - \nabla_X V),$$

以上三式相加, 得

$$g(R(V, X)X, V) = -\mathrm{Hess}\, f(V, V) + g(W, W),$$

也即

$$\text{Hess } f(V,V) = g(\nabla_V X, \nabla_V X) - g(R(V,X)X,V).$$

设 $\{e_i\}$ 为局部标准正交标架场, 在上式中分别令 $V = e_i$, 再对 i 求和, 就得到

$$\Delta f = |\nabla X|^2 - \text{Ric}(X,X).$$

注意左端在 M 上的积分为零, 而由 Ric < 0 可知右端的积分大于零, 矛盾.　　□

10.2　数　量　曲　率

比 Ricci 曲率更弱的是数量曲率.

定义 10.12　在黎曼流形 (M,g) 上, $(1,1)$ 型 Ricci 曲率张量的迹, 称为 **数量曲率**, 记作 s, 即 $s = \text{tr}(\text{Ric})$.

由定义可知, 如果取标准正交标架场 $\{e_i\}$, 则

$$s = \sum_i \text{Ric}(e_i, e_i) = 2\sum_{i<j} K(e_i \wedge e_j).$$

因此, 当 Ricci 曲率为常数时, 数量曲率也是常数.

Kazdan 和 Warner[25] 在 1975 年证明:

定理 10.13　每个维数 $\geqslant 3$ 的光滑流形上都存在一个黎曼度量, 其数量曲率为负的常数.

而数量曲率为正却不一定能做到, Gromov 和 Lawson[21, 22] 证明了以下定理.

定理 10.14(Gromov-Lawson)　在环面 T^m 上, 如果某个黎曼度量的数量曲率 $s \geqslant 0$, 则它是平坦的, 即 $K \equiv 0$.

定理 10.15(Gromov-Lawson)　设 M 是连通、单连通的闭流形, 维数 $m \geqslant 5$. 如果 M 的第二 Stiefel-Whitney 类不为零, 则 M 上存在黎曼度量, 其数量曲率处处为正.

10.3　附　　注

对于 Gauss 曲率有正下界的曲面, Bonnet 于 1855 年给出了对直径的估计. 当时, Bonnet 已经知道, $K \geqslant \delta > 0$ 不能改进为 $K > 0$, 因为旋转抛物面就满足 $K > 0$, 但不是紧的. Synge 在 1926 年将这一结论推广到高维情形, 但需要用截面曲率代替二维时的 Gauss 曲率. Myers 于 1941 年将条件中的截面曲率改进为 Ricci 曲率.

关于 Einstein 流形, A. L. Besse 的著作 [5] 是很好的参考书, 里面提供了丰富的例子, 以及相当齐全的参考文献. C. Boyer 等[7] 引进新的代数手段, 在奇数维球面上构造了大量的 Einstein 度量.

Ricci 流方法在近年来成为理解流形的几何与拓扑的重要方法. 希望了解这一方法的读者, 可以先阅读 [13], 它很短且很初等; [14] 更为全面和深入.

10.4 习 题

10.1 设 M 和 N 是两个常曲率空间, 维数分别为 $m \geqslant 2$ 和 $n \geqslant 2$, 截面曲率分别为 $\dfrac{1}{m-1}$ 和 $\dfrac{1}{n-1}$, 证明黎曼直积 $M \times N$ 是 Einstein 流形, 并由此证明 $S^m \times S^n$ 上存在 Einstein 度量.

10.2 设 N 是非交换幂零李群, g 是 N 上的左不变黎曼度量. 证明: 存在切向量 $u, v \in T_e N$, 使得

$$\operatorname{Ric}(u, u) > 0, \quad \operatorname{Ric}(v, v) < 0.$$

因此, N 上任意左不变黎曼度量都不是 Einstein 度量.

10.3 (Weitzenböck 公式) 设 (M, g) 是完备的黎曼流形, 则对于任意光滑函数 f, 有

$$\frac{1}{2}\Delta|\nabla f|^2 = |\operatorname{Hess} f|^2 + g(\nabla f, \nabla \Delta f) + \operatorname{Ric}(\nabla f, \nabla f). \tag{10.2}$$

10.4 设 (M, g) 是紧致的黎曼流形, 且 $\operatorname{Ric} \geqslant 0$. 证明第一 Betti 数 $b_1(M) \leqslant \dim M$.

10.5 设 (M, g) 是黎曼流形. 对于 $\sigma \in C^\infty(M)$, 称 $\tilde{g} = e^{2\sigma} g$ 为 g 的共形度量. 如果截面曲率 $K \equiv 0$, 则称 g 为局部欧氏空间, 这时称 $\tilde{g}$ 为局部 共形平坦 的. 证明: 局部共形平坦的维数 $\geqslant 3$ 的黎曼流形如果是 Einstein 流形, 则它是常曲率空间.

10.6 设黎曼流形 (M, g) 在点 p 的数量曲率为 $s(p)$. 证明

$$\frac{\operatorname{vol}(B_p(r))}{\operatorname{vol}(B^0(r))} = 1 - \frac{s(p)}{6(m+2)}r^2 + O(r^4),$$

其中 $\operatorname{vol}(B^0(r))$ 表示欧氏空间中以 r 为半径的球的体积.

第十一讲 测地变分和 Jacobi 场

在球面 S^m 上, 从任意一点 p 出发的测地线, 最终又交汇到 p 的对径点. 而在双曲空间 H^m 上, 从任意一点出发的测地线最终是发散的. 这些现象表明, 截面曲率的符号会影响测地线的形态. 为了讨论这一现象, 我们来研究一种特殊的曲线变分, 即测地变分.

11.1 测 地 变 分

设 $\gamma : [a, b] \to M$ 是测地线, $\Phi : (-\varepsilon, \varepsilon) \times [a, b] \to M$ 是 γ 的一个变分. 如果对任意固定的 $u \in (-\varepsilon, \varepsilon)$, 曲线

$$\gamma_u(t) = \Phi(u, t)$$

都是测地线, 则称 Φ 为一个 测地变分.

命题 11.1 设 Φ 是一个测地变分, 变分向量场为 U, 则

$$\nabla_{\dot\gamma} \nabla_{\dot\gamma} U + R(U, \dot\gamma)\dot\gamma = 0. \tag{11.1}$$

证明 在 $(-\varepsilon, \varepsilon) \times [a, b]$ 上取自然的坐标系 (u, t). 记 $\hat{U} = \Phi_* \partial_u$, $\hat{T} = \Phi_* \partial_t$, 则 $[\hat{U}, \hat{T}] = 0$.

利用无挠性, 我们有 $\nabla_{\hat{U}} \hat{T} = \nabla_{\hat{T}} \hat{U}$; 又由于 γ_u 为测地线, 所以 $\nabla_{\hat{T}} \hat{T} = 0$. 因此我们有

$$R(\hat{U}, \hat{T})\hat{T} = \nabla_{\hat{U}} \nabla_{\hat{T}} \hat{T} - \nabla_{\hat{T}} \nabla_{\hat{U}} \hat{T} - \nabla_{[\hat{U}, \hat{T}]} \hat{T}$$
$$= -\nabla_{\hat{T}} \nabla_{\hat{T}} \hat{U}.$$

结合 $\hat{U}|_{s=0} = U$, $\hat{T}|_{s=0} = \dot\gamma$, 就得到了要证的方程. $\square$

定义 11.2 给定测地线 γ 时, 称方程 (11.1) 为 Jacobi **方程**, 称满足上述方程的向量场 U 为 Jacobi **场**.

后面我们将把 $\nabla_{\dot\gamma} U$ 记作 $\dot{U}$ 或 U', 将 $\nabla_{\dot\gamma} \nabla_{\dot\gamma} U$ 记作 $\ddot{U}$ 或 U''. 这样 Jacobi 方程也可写为 $\ddot{U} + R(U, \dot\gamma)\dot\gamma = 0$. 命题 11.1 说明, 测地变分的变分向量场是 Jacobi 场.

现在, 取沿 γ 平行的标架场 e_i, 设 $U(t) = U^i(t)e_i$, 则

$$\nabla_{\dot\gamma} U = \dot{U}^i e_i, \quad \nabla_{\dot\gamma} \nabla_{\dot\gamma} U = \ddot{U}^i e_i,$$

又设 $\dot{\gamma} = \dot{\gamma}^i e_i$, 则 Jacobi 方程 (11.1) 可写为

$$\ddot{U}^i + U^j R_l{}^i{}_{jk} \dot{\gamma}^k \dot{\gamma}^l = 0.$$

由此可见, Jacobi 方程是关于 $U^i(t)$ 的齐次线性二阶常微分方程组. 由线性常微分方程组初值问题解的存在唯一性定理, 可得

命题 11.3　设 $\gamma : [a, b] \to M$ 为测地线, 任取 $v, w \in T_{\gamma(a)}M$, 存在唯一沿 γ 定义的 Jacobi 场 U, 满足 $U(a) = v$, $\dot{U}(a) = w$. 进一步, 沿 γ 定义的所有 Jacobi 场构成 $2m$ 维实线性空间.

推论 11.4　一个 Jacobi 场若不恒为零, 则其零点是孤立的.

现在, 设 J 是沿测地线 $\gamma : [a, b] \to M$ 定义的 Jacobi 场. 我们考虑函数

$$f(t) = g(J, \dot{\gamma}).$$

则有

$$f' = \dot{\gamma}(g(J, \dot{\gamma})) = g(\nabla_{\dot{\gamma}} J, \dot{\gamma}),$$
$$f'' = \dot{\gamma}(g(\nabla_{\dot{\gamma}} J, \dot{\gamma})) = g(\nabla_{\dot{\gamma}} \nabla_{\dot{\gamma}} J, \dot{\gamma})$$
$$= g(-R(J, \dot{\gamma})\dot{\gamma}, \dot{\gamma}) = 0.$$

后一个等式说明, f 是 t 的一次函数, 即有 $f(t) = f(a) + f'(a)(t - a)$. 可见, $f(t)$ 恒为零的充要条件是 $f(a) = 0$ 且 $f'(a) = 0$. 由此我们证明了

命题 11.5　设 J 是沿测地线 γ 的 Jacobi 场, 则以下三个条件两两等价:

(1) J 与 γ 处处正交;

(2) $J(a) \perp \dot{\gamma}(a)$, $\dot{J}(a) \perp \dot{\gamma}(a)$;

(3) J 与 γ 在两个不同点处正交.

定义 11.6　若 Jacobi 场 J 与测地线 γ 处处正交, 则称 J 是沿 γ 的法 Jacobi 场.

由上面的等价条件 (2) 容易看出, 法 Jacobi 场的集合是 $2(m-1)$ 维实线性空间.

例 11.7(常曲率空间的法 Jacobi 场)　如果 M 的截面曲率恒等于常数 c, 则曲率张量 R 满足

$$R(X, Y)Z = -c \cdot (g(X, Z)Y - g(Y, Z)X).$$

这时, 沿单位测地线 γ 的 Jacobi 方程成为

$$\ddot{J} + c \cdot J = 0.$$

如前, 取沿 γ 平行的标准正交标架场 $\{e_i\}$, 使得 $e_m = \dot{\gamma}$; 并设 $J(t) = J^i(t)e_i$, 则上式可进一步写为

$$\ddot{J}^i + c \cdot J^i = 0.$$

上述常微分方程的一般解为

$$J^i(t) = \lambda^i S_c(t) + \mu^i S_c'(t),$$

其中 λ^i, μ^i 为常数, 而函数 $S_c(t)$ 定义为

$$S_c(t) = \begin{cases} \dfrac{1}{\sqrt{c}}\sin(\sqrt{c}t), & c > 0, \\ t, & c = 0, \\ \dfrac{1}{\sqrt{-c}}\sinh(\sqrt{-c}t), & c < 0. \end{cases}$$

特别地, 我们得到: $J_i(t) = S_c(t)e_i$ 是法 Jacobi 场, 且 $|J_i'(0)| = 1$.

定理 11.8 设 (M, g) 是完备的黎曼流形, $\gamma : [0, 1] \to M$ 是测地线, J 是沿 γ 的 Jacobi 场, 则 J 是 γ 的某个测地变分的变分向量场.

证明 记 $x = \gamma(0)$. 令 $v = J(0)$, $w = \dot{J}(0)$. 任取曲线 $\sigma = \sigma(u)$, 使得

$$\sigma(0) = x, \quad \sigma'(0) = v.$$

将 w 和 $\gamma'(0)$ 沿 σ 平行移动, 得到向量场 $W(u)$ 和 $T(u)$. 令

$$\Phi(u, t) = \exp_{\sigma(u)}(t \cdot T(u) + tu \cdot W(u)),$$

则 Φ 是 γ 的一个测地变分, 其变分向量场 U 为 Jacobi 场. 而且

$$U(0) = \Phi_{*(0,0)}\partial_u = \sigma'(0) = v,$$
$$\dot{U}(0) = \frac{\partial}{\partial u}(T(u) + uW(u))\Big|_{u=0} = w.$$

可见 U 和 Jacobi 场 J 满足同样的初值条件, 因此, $U = J$. $\qquad\square$

从定理的证明过程中不难看出

推论 11.9 在完备的黎曼流形 (M, g) 上, 沿测地线 $\gamma : [0, 1] \to M$ 的 Jacobi 场 J 若满足 $J(0) = 0$, 则它是测地变分

$$\Phi(u, t) = \exp_x(tv + tuw)$$

的变分向量场, 其中 $x = \gamma(0)$, $v = \dot{\gamma}(0)$, $w = \dot{J}(0)$. 这时我们可进一步将 J 写为

$$J(t) = t \cdot (\exp_x)_{*tv}(w) = (\exp_x)_{*tv}(tw).$$

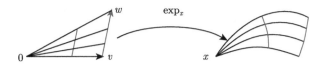

命题 11.10   在完备的黎曼流形 (M, g) 上, 给定测地线 $\gamma : [0, 1] \to M$, 则沿 γ 的 Jacobi 场

$$J(t) = (\exp_x)_{*tv}(tw)$$

的长度满足

$$|J(t)| = |w|t - \frac{1}{6} g(R(w, v)v, w)t^3 + o(t^3).$$

证明   令 $f(t) = \frac{1}{2}|J(t)|^2$, 则有

$$f' = g(J, J'),$$
$$f'' = g(J', J') + g(J, J''),$$
$$f''' = 3g(J', J'') + g(J, J'''),$$
$$f^{(4)} = 4g(J', J''') + 3g(J'', J'') + g(J, J^{(4)}).$$

利用 Jacobi 方程 $J'' = -R(J, \dot{\gamma})\dot{\gamma}$, 可知 $J''(0) = 0$. 因此

$$f'(0) = 0, \quad f''(0) = |w|^2,$$
$$f'''(0) = 0, \quad f^{(4)}(0) = 4g(J'(0), J'''(0)).$$

注意

$$
\begin{aligned}
g(J', J''') &= -g(J', \nabla_{\dot{\gamma}}(R(J, \dot{\gamma})\dot{\gamma})) \\
&= -\dot{\gamma}(g(J', R(J, \dot{\gamma})\dot{\gamma})) + g(J'', R(J, \dot{\gamma})\dot{\gamma}) \\
&= -\dot{\gamma}(g(J, R(J', \dot{\gamma})\dot{\gamma})) + g(J'', R(J, \dot{\gamma})\dot{\gamma}) \\
&= -g(J', R(J', \dot{\gamma})\dot{\gamma}) - g(J, \nabla_{\dot{\gamma}}(R(J', \dot{\gamma})\dot{\gamma})) + g(J'', R(J, \dot{\gamma})\dot{\gamma}),
\end{aligned}
$$

取 $t = 0$, 就得到 $g(J'(0), J'''(0)) = -g(w, R(w, v)v)$, 即

$$f^{(4)}(0) = -4g(R(w, v)v, w).$$

由 Taylor 展开式得到

$$
\begin{aligned}
f(t) &= f(0) + tf'(0) + \frac{t^2}{2!}f''(0) + \frac{t^3}{3!}f'''(0) + \frac{t^4}{4!}f^{(4)}(0) + o(t^4) \\
&= \frac{1}{2}|w|^2 t^2 - \frac{1}{6} g(R(w, v)v, w)t^4 + o(t^4),
\end{aligned}
$$

也就是说

$$|J(t)|^2 = |w|^2 t^2 - \frac{1}{3} g(R(w,v)v,w) t^4 + o(t^4).$$

从而结论得证. □

现在我们可以给出命题 8.2 的证明.

取二维截面 $P \subset T_p M$ 的标准正交基 e_1, e_2. 记

$$v(s) = e_1 \cos s + e_2 \sin s,$$
$$w(s) = -e_1 \sin s + e_2 \cos s, \quad s \in [0, 2\pi].$$

这时, P 中以 0 为圆心, 以 r 为半径的圆 c 可写为 $c(s) = r \cdot v(s)$, $t \in [0, 2\pi]$. 其切向量为 $c'(s) = r \cdot w(s)$. 于是曲线 $\gamma(s) = \exp_p(c(s))$ 的切向量为

$$\dot{\gamma}(s) = (\exp_p)_{*c(s)} c'(s) = (\exp_p)_{*rv(s)}(rw(s)).$$

由命题 11.10, $\dot{\gamma}$ 的长度满足

$$|\dot{\gamma}(s)| = |w(s)| r - \frac{1}{6} g(R(w(s), v(s))v(s), w(s)) r^3 + o(r^3)$$
$$= r - \frac{1}{6} K(P) r^3 + o(r^3).$$

这样, 命题 8.2 得证.

11.2 共 轭 点

定义 11.11 设 (M, g) 是完备的黎曼流形, $x \in M$, $v \in T_x M$. 如果指数映射 $\exp_x$ 在 v 处是退化的, 即存在非零切向量 $w \in T_x M \simeq T_v(T_x M)$, 使得 $(\exp_x)_{*v} w = 0$, 则称 $\exp_x(v)$ 是 x 点沿测地线 $t \mapsto \exp_x(tv)$ 的共轭点.

命题 11.12 设 $\gamma : [0, 1] \to M$ 是完备的黎曼流形 (M, g) 上的一条测地线, $p = \gamma(0)$, $q = \gamma(1)$. 则 q 是 p 沿 γ 的共轭点, 当且仅当存在沿 γ 的非零 Jacobi 场 J, 使得 $J(0) = J(1) = 0$.

证明 若 q 是 p 的共轭点, 则存在非零的 $w \in T_p M$, 使得 $(\exp_p)_{*v} w = 0$, 其中 $v = \dot{\gamma}(0)$. 这时, 沿 γ 定义的 Jacobi 场

$$J(t) = (\exp_p)_{*tv}(tw)$$

是非零的, 且满足 $J(0) = J(1) = 0$.

反之, 若存在非零 Jacobi 场 J 满足 $J(0) = 0$, 则可设 $J(t) = (\exp_p)_{*tv}(tw)$, 其中 $v = \dot{\gamma}(0)$, $w = \dot{J}(0)$. 这时由 $J(1) = 0$ 可知 $(\exp_p)_{*v} w = 0$, 即指数映射 $\exp_p$ 在 v 处是退化的, $q = \exp_p(v)$ 是 p 的共轭点. □

命题 11.13　设 $\gamma:[0,1]\to M$ 是完备的黎曼流形 (M,g) 上的一条测地线, 且 $q=\gamma(1)$ 不是 $p=\gamma(0)$ 沿 γ 的共轭点, 则对任意 $V\in T_pM$, $W\in T_qM$, 存在唯一的沿 γ 的 Jacobi 场 J, 使得 $J(0)=V$, $J(1)=W$.

证明　存在性: 记 $v=\dot\gamma(0)$, 则 $q=\exp_p(v)$. 由于 q 不是 p 的共轭点, 所以指数映射 $\exp_p$ 在 v 处非退化, 从而存在唯一的 $\tilde W\in T_pM$, 使得

$$W=(\exp_p)_{*v}\tilde W.$$

令 $J_1(t)=(\exp_p)_{*v}(t\tilde W)$, 则 J_1 是 Jacobi 场, 且 $J_1(0)=0$, $J_1(1)=W$.

注意 p 不是 q 沿 γ 的共轭点 (否则, 存在在 p,q 两点为零的非零 Jacobi 场, 从而 q 是 p 沿 γ 的共轭点, 矛盾). 所以, 同上可构造沿 γ 的另一 Jacobi 场 J_2, 使得 $J_2(1)=0$, $J_2(0)=V$.

这样, $J=J_1+J_2$ 就是满足要求的一个 Jacobi 场.

唯一性: 若有另一个满足要求的 Jacobi 场 $\tilde J\neq J$, 则 $\tilde J-J$ 是非零 Jacobi 场, 且在 p,q 两点为零, 从而 p,q 是一对共轭点, 矛盾.　　　　　□

例 11.14(常曲率空间的共轭点)　如前, 取定沿测地线 γ 的平行标架场 e_i, 则沿 γ 的法 Jacobi 场为

$$J(t)=(\lambda^iS_c(t)+\mu^iS_c'(t))e_i.$$

令 $J(0)=0$, 得 $\mu^i=0$. 当 $c>0$ 时, 由 $S_c(t)$ 的定义知 $J(\sqrt c\pi)=0$, 即 $\gamma(\sqrt c\pi)$ 是 $\gamma(0)$ 的共轭点. 而当 $c\leqslant 0$ 时, $S_c(t)$ 单调递增, 所以 $\gamma(0)$ 沿 γ 没有共轭点.

现在, 我们证明, 当黎曼流形的截面曲率 $K\leqslant 0$ 时, 总没有共轭点.

定理 11.15(Cartan-Hadamard)　如果 (M,g) 是完备的黎曼流形, 且截面曲率 K 恒小于等于 0, 则对任意一点 $p\in M$, 指数映射 $\exp_p:T_pM\to M$ 处处非退化, 从而是覆叠映射. 因此, M 的万有覆叠是 $\mathbb R^m$.

证明　我们首先说明, 指数映射 $\exp_p$ 处处非退化, 即 p 没有共轭点. 事实上, 考虑沿测地线 $\gamma(t)=\exp_p(tv)$ 的 Jacobi 场 $J(t)=(\exp_p)_{*tv}(tw)$, 其中 $v,w\in T_pM$; 则其能量 $f(t)=\frac12|J(t)|^2$ 满足如下关系 (参考命题 11.10 的证明)

$$f'=g(J,J'),$$
$$f''=g(J',J')+g(J,J'').$$

利用 Jacobi 方程 $J''=-R(J,\dot\gamma)\dot\gamma$, 可知

$$g(J,J'')=g(J,-R(J,\dot\gamma)\dot\gamma)=-K(\dot\gamma\wedge J)|\dot\gamma\wedge J|^2\geqslant 0.$$

因此, $f''\geqslant 0$. 这表明 f' 在 $[0,\infty)$ 上单调递增, $f'(t)\geqslant f'(0)=0$, 从而 f 也在 $[0,\infty)$ 上单调递增. 也就是说, Jacobi 场 $J(t)$ 不可能再次为零, 除非它恒为零. 因此, p 沿 γ 没有共轭点. 由 v 的任意性, 可知 $\exp_p$ 处处非退化.

由定理 6.14 可知 $\exp_p$ 是覆叠映射.　　　　　　　　　　　　　　　　　　　　□

11.3　割　　迹

定义 11.16　设 (M, g) 是完备的黎曼流形. 固定一点 $p \in M$, 并设 $v \in T_p M$, $|v| = 1$. 下述集合

$$\{t \in [0, \infty) \mid d(p, \exp_p(tv)) = t\}$$

的上确界称为 v 方向的割值, 记作 $C(v)$. 当 $C(v) < \infty$ 时, 称 $\exp_p(C(v)v)$ 为 p 点沿 v 方向的一个割点. 点 p 的所有割点构成的集合称为 p 的割迹, 记作 $\mathrm{Cut}(p)$; 所有割值的下确界, 称为 p 点的单射半径, 记作 $\mathrm{Inj}(p)$.

由上述定义可知, 如果 q 是 p 沿 v 方向的一个割点, 设 $q = \exp_p(sv)$, 则 $\gamma(t) = \exp_p(tv)$, $t \in [0, s]$ 是连接 p 和 $q = \gamma(s)$ 的最短测地线, 但对任意 $\varepsilon > 0$, 它不是连接 p 和 $\gamma(s + \varepsilon)$ 的最短测地线. 通常也称 q 是 p 沿测地线 γ 的一个割点.

下面这个引理说明, 割点不可能出现在第一个共轭点之后.

引理 11.17　设 $q = \gamma(s)$ 是 $p = \gamma(0)$ 沿测地线 γ 的一个共轭点, 则对任意 $r > s$, γ 不是连接 p 与 $\gamma(r)$ 的最短测地线.

证明　设 J 是沿 γ 的非零 Jacobi 场, 它在 p, q 两点为零. 以 J 为变分向量场, 构造变分, 则变分曲线 γ_u 是连接 p, q 的一族测地线, $u \in (-\delta, \delta)$, 它们的长度都相等. 取定 $u \neq 0$, 并取足够小的正数 $\varepsilon < s$, 设 τ 是连接 $\gamma_u(s - \varepsilon)$ 与 $\gamma(r)$ 的最短线 (如下图所示), 则由三角形不等式可知 τ 的长度小于 $\varepsilon + (r - s)$, 从而 $\gamma_u|_{[0, s-\varepsilon]}$ 与 τ 连接起来长度小于 r.

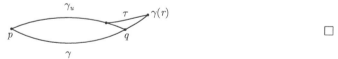

　　　　　　　　　　　　　　　　　　　　　　　　　　　　　　　　　　　□

引理 11.18　如果 q 是 p 沿测地线 γ 的一个割点, 则要么 q 是 p 沿 γ 的第一个共轭点, 要么有另一条从 p 到 q 的测地线 σ, 其长度与 γ 相等. 这两种情况可能同时发生.

证明　设 $\gamma = \exp_p(tv)$ 且 $|v| = 1$, $q = \gamma(s)$. 取正数列 $\{\varepsilon_i\}$, 使得当 $i \to \infty$ 时, $\varepsilon_i \to 0$. 这时, 设 γ_i 是连接 p 与 $\gamma(s + \varepsilon_i)$ 的最短测地线, 它在 p 点的单位切向量为 w_i. 由于 $T_p M$ 中的单位球面是紧致的, 所以点列 $\{w_i\}$ 必有聚点. 不妨设 $w_i \to w$. 这样, 当 $i \to \infty$ 时, γ_i 趋于测地线 $\sigma(t) = \exp_p(tw)$, $t \in [0, s]$. 显然 σ 的长度与 γ 的长度相等.

如果 $w \neq v$, 则 $\sigma \neq \gamma$, 即发生了第二种情况. 如果 $w = v$, 则 $\exp_p$ 在 sv 处是退化的, 即 q 是 p 的共轭点. 结合引理 11.17 可知, q 是第一个共轭点, 所以这时发

生了第一种情况.   □

命题 11.19   在完备的黎曼流形上, 任意一点的割迹的测度为零.

证明   由前述引理, 割迹中的点分为 (可能相交的) 两类, 一类是共轭点, 也就是指数映射的临界值, 由 Sard 定理可知这类点的测度为零; 另一类, 函数 $r(x) = d(p,x)$ 在这些点处不可微. 而易知 r 是 Lipschitz 函数, 所以这些不可微的点的测度也是零.   □

11.4   附   注

X. Dai 和 G. Wei 的短文 [15] 给出了当 Ricci 曲率有下界时 Jacobi 长度的一个不等式, 其证明的几何味道较浓, 读者在掌握了 Jacobi 场的知识之后可以尝试阅读.

11.5   习   题

11.1 设 X 是黎曼流形 (M,g) 的 Killing 场. 证明: X 沿任意测地线 γ 都是 Jacobi 场.

11.2 设 (M,g) 是单连通完备黎曼流形, 且 $K \leqslant 0$. 又设 ϕ 是等距变换, 证明 $f(x) = d(x, \phi(x))$ 是凸函数, 即 f 在任意测地线上的限制 (作为一元函数) 是凸的.

11.3 在 $S^1 \times S^2$ 上任取黎曼度量 g.

(1) 用 Bonnet-Myers 定理说明, 这个黎曼流形的 Ricci 曲率不可能处处为正.

(2) 用 Cartan-Hadamard 定理说明, 这个黎曼流形的截面曲率不可能处处非正.

(3) 在 $S^1 \times S^2$ 上是否存在 Einstein 度量?

第十二讲 体积比较定理

如果一个黎曼流形的曲率有上界或下界, 那么, 我们可以将它与相应的空间形式进行比较, 看看空间形式的哪些几何性质在该流形上仍有所体现. 一旦这样的几何性质被找到了, 就有可能继续讨论该流形具有空间形式的哪些拓扑性质. Bonnet-Myers 定理就是这方面的一个例子, 它所考虑的几何量是直径, 而最终所获得的拓扑性质是基本群有限.

在这一讲, 我们将考虑另一个几何量, 即度量球的体积. 为此, 这一讲我们始终假定 (M, g) 是可定向、完备的 m 维光滑黎曼流形.

12.1 相对体积比较定理

取定一点 $p \in M$, 则指数映射 $\exp_p : T_p M \to M$ 在割迹 $\mathrm{Cut}(p)$ 以外是微分同胚. 通过取 $T_p M$ 的标准正交基, 我们在 $T_p M$ 上建立直角坐标系, 从而获得了 $M \backslash \mathrm{Cut}(p)$ 的一个坐标系 (x^i). 在此坐标系中, 黎曼流形 (M, g) 的体积形式可写为

$$*1 = \sqrt{\det(g_{ij})} \, \mathrm{d} x^1 \wedge \cdots \wedge \mathrm{d} x^m.$$

现在, 我们在 $T_p M$ 上取极坐标系, 即 $x \in T_p M$ 可写为 $x = r\sigma$, 其中 $|\sigma| = 1$. 易知

$$\mathrm{d} x^1 \wedge \cdots \wedge \mathrm{d} x^m = r^{m-1} \mathrm{d} r \wedge \mathrm{d} \sigma,$$

其中 $\mathrm{d} \sigma$ 表示 $T_p M$ 中单位球面 S^{m-1} 的体积形式. 这时 $\det(g_{ij})$ 也能写为 (r, σ) 的函数, 从而存在某个函数 $A(r, \sigma)$, 使得

$$*1 = A(r, \sigma) \mathrm{d} r \wedge \mathrm{d} \sigma.$$

称 $A(r, \sigma)$ 为黎曼流形 (M, g) 在上述极坐标系中的体积元. 当 $r\sigma \in \exp_p^{-1}(\mathrm{Cut}(p))$ 时, 约定 $A(r, \sigma) = 0$.

引理 12.1 设 γ 是测地线, $\gamma(0) = p$, $\gamma'(0) = \sigma$ 且 $|\sigma| = 1$. 设 $e_1, \cdots, e_{n-1}$, $e_m = \sigma$ 是 $T_p M$ 的正定向的标准正交基, 定义 $V_i(t) = (\exp_p)_{*t\sigma}(te_i)$, $1 \leqslant i \leqslant m-1$, 则有

$$A(r, \sigma) = \det(V_1(r), \cdots, V_{m-1}(r)).$$

证明　利用标准正交基 $\{e_i\}$ 可定义直角坐标系 (x^i). 由 $V_i(r) = r\cdot(\exp_p)_{*r\sigma}(e_i)$ 可知

$$\partial_i = \frac{1}{r}V_i(r), \quad 1 \leqslant i \leqslant m-1; \quad \partial_m = \dot\gamma(r).$$

这样 $g_{ij} = g(\partial_i,\partial_j) = r^{-2}g(V_i(r),V_j(r))$, $g_{im}=1, 1\leqslant i,j\leqslant m-1$ 且 $g_{mm}=1$. 于是

$$\det(g_{ij}) = r^{-2(m-1)}\det(g(V_i(r),V_j(r))$$
$$= r^{-2(m-1)}\det(V_1(r),\cdots,V_{m-1}(r))^2.$$

结合 $dx^1\wedge\cdots\wedge dx^m = r^{m-1}dr\wedge d\sigma$ 即证. □

例 12.2　如果黎曼流形的截面曲率为常数 κ, 那么有法 Jacobi 场 $V_i(r) = S_\kappa(r)e_i(r)$, 其中 $e_i(r)$ 是将 e_i 沿 γ 平行移动得到的向量场. 因此

$$\det(V_1(r),\cdots,V_{m-1}(r)) = S_\kappa(r)^{m-1}.$$

我们记 $A_\kappa(r) = S_\kappa(r)^{m-1}$, 它是常曲率空间的体积元.

引理 12.3(Heintze-Karcher)　设 $V_1(t),\cdots,V_{m-1}(t)$ 是沿测地线 γ 的两两正交的法 Jacobi 场, 且当 $t\in(0,t_0)$ 时 $A = \det(V_1(t),\cdots,V_{m-1}(t)) > 0$. 令 $f = A^{1/(m-1)}$, 则有

$$f'' + \frac{\text{Ric}(\dot\gamma)}{m-1}f \leqslant 0.$$

证明　令 $u(t) = g(V_i'(t),V_j(t)) - g(V_j'(t),V_i(t))$, 则

$$u'(t) = g(V_i''(t),V_j(t)) - g(V_j''(t),V_i(t))$$
$$= g(R(\dot\gamma,V_i)\dot\gamma,V_j) - g(R(\dot\gamma,V_j)\dot\gamma,V_i) = 0.$$

因此 $u(t)$ 为常值函数, $u(t) = u(0) = 0$. 换言之, 由 $g(V_i'(t),V_j(t))$ 构成的 $(m-1)\times(m-1)$ 矩阵是对称矩阵. 于是, 对固定的 t, 存在正交变换, 分别将向量组 $\{V_i(t)\}$, $\{V_i'(t)\}$ 变为 $\{X_i\}$, $\{Y_i\}$, 且 $Y_i = \lambda_i X_i, 1\leqslant i\leqslant m-1$.

由于作正交变换时不改变行列式, 所以, 在行列式 A 中, 如果将第 i 列换成 $V_i'(t)$, 则行列式的值变为原来的 λ_i 倍. 于是

$$A' = (\lambda_1 + \cdots + \lambda_{m-1})\cdot A.$$

如果将该行列式的第 i,j 两列分别换为 $V_i'(t), V_j'(t)$, 则所得行列式的值为 $\lambda_i\lambda_j\cdot A$. 如果将该行列式的第 i 列换为 $V_i''(t) = R(\dot\gamma,V_i(t))\dot\gamma$, 注意 $R(\dot\gamma,V_i(t))\dot\gamma$ 与 $\dot\gamma$ 正交, 它

也能写为 $V_1(t), \cdots, V_{m-1}(t)$ 的线性组合, 所以此时的行列式等于 $-K(\dot{\gamma} \wedge V_i(t)) \cdot A$. 利用上述事实, 我们得到

$$A'' = \left(\sum_{i<j} 2\lambda_i \lambda_j - \mathrm{Ric}(\dot{\gamma}) \right) \cdot A.$$

利用不等式 $(m-2)(\sum \lambda_i)^2 \geqslant (m-1)\sum_{i<j} 2\lambda_i \lambda_j$, 就得到

$$(m-2)(A')^2 - (m-1)(A'' + A \cdot \mathrm{Ric}(\dot{\gamma})) \cdot A \geqslant 0.$$

将 $A = f^{m-1}$ 代入, 重新整理, 就得到引理中的不等式.   □

命题 12.4   如果 $\mathrm{Ric} \geqslant (m-1)\kappa$, 则 $\dfrac{A(r,\sigma)}{A_\kappa(r)}$ 关于 r 是非增函数.

证明   当 $\exp_p(r\sigma)$ 不属于 p 点的割迹时, 令 $f = A^{1/(m-1)}$, $F = f'S_\kappa - fS_\kappa'$, 利用上面的引理可得

$$F' = S_\kappa \cdot (f'' + \kappa f) \leqslant S_\kappa \cdot \left(f'' + \frac{\mathrm{Ric}(\dot{\gamma})}{m-1} f \right) \leqslant 0.$$

结合 $F(0,\sigma) = 0$ 可得 $F \leqslant 0$, 也即 $(\log f - \log S_\kappa)' \leqslant 0$. 这表明 $\log(f/S_\kappa)$ 关于 r 是非增函数, 也即 A/A_κ 是非增函数.

当 $\exp_p(r\sigma)$ 属于 p 点的割迹时, 由于 $A(r,\sigma) = 0$, 这时结论仍成立.   □

上述命题通常也称为体积元比较定理, 它也可以通过对距离函数使用 Weitzen-böck 公式 (见习题 10.3) 来证, 请读者参照习题自行完成. 这个基本的比较定理是通向许多比较定理的入口. 例如, 如果取函数 $r(x) = d(p,x)$, 则可证明 $\Delta r = A'(r)/A(r)$, 这样利用上述结论可直接得到 Laplace 比较定理 (习题 12.1).

我们用上述引理来证明如下的相对体积比较定理.

定理 12.5(Bishop-Gromov)   如果完备黎曼流形 (M,g) 满足 $\mathrm{Ric} \geqslant (m-1)\kappa$, 则对任一点 $p \in M$, 函数 $\mathrm{vol}(B_p(r))/\mathrm{vol}(B^\kappa(r))$ 是非增的, 其中 $B^\kappa(r)$ 表示截面曲率为 κ 的空间形式中半径为 r 的球. 特别地, $\mathrm{vol}(B_p(r)) \leqslant \mathrm{vol}(B^\kappa(r))$.

证明   记 $a(r) = \displaystyle\int_{S^{m-1}} A(r,\sigma)\,\mathrm{d}\sigma$, $a_\kappa(r) = \displaystyle\int_{S^{m-1}} A_\kappa(r)\,\mathrm{d}\sigma$. 则有

$$\frac{a(r)}{a_\kappa(r)} = \int_{S^{m-1}} \frac{A(r,\sigma)}{A_\kappa(r)}\,\mathrm{d}\sigma.$$

由上面的命题, A/A_κ 关于 r 是非增的, 所以 $a(r)/a_\kappa(r)$ 是非增的, 即当 $0 < t \leqslant r$ 时有 $a(r)a_\kappa(t) - a(t)a_\kappa(r) \leqslant 0$. 这样

$$\frac{\mathrm{d}}{\mathrm{d}\,r}\left(\log\frac{\mathrm{vol}(B_p(r))}{\mathrm{vol}(B^\kappa(r))}\right) = \frac{a(r)}{\int_0^r a(t)\,\mathrm{d}\,t} - \frac{a_\kappa(r)}{\int_0^r a_\kappa(t)\,\mathrm{d}\,t}$$

$$= \frac{\int_0^r (a(r)a_\kappa(t) - a(t)a_\kappa(r))\,\mathrm{d}\,t}{\left(\int_0^r a(t)\,\mathrm{d}\,t\right)\left(\int_0^r a_\kappa(t)\,\mathrm{d}\,t\right)} \leqslant 0.$$

从而结论的第一部分得证. 注意到

$$\lim_{r\to 0+}\frac{\mathrm{vol}(B_p(r))}{\mathrm{vol}(B^\kappa(r))} = 1,$$

则结论的第二部分也得证. □

注　相对体积比较定理通常也叙述为如下的等价形式: 当 $r \leqslant R$ 时,

$$\frac{\mathrm{vol}(B_p(r))}{\mathrm{vol}(B_p(R))} \geqslant \frac{\mathrm{vol}(B^\kappa(r))}{\mathrm{vol}(B^\kappa(R))}.$$

如果对某个 $R = R_0$, 有 $\mathrm{vol}(B_p(R_0)) = \mathrm{vol}(B^\kappa(R_0))$, 或上式成立等号, 则对所有 $r \leqslant R_0$ 都有 $\mathrm{vol}(B_p(r)) = \mathrm{vol}(B^\kappa(r))$. 通过仔细推敲前面的引理, 不难发现这时 (M,g) 与相应的空间形式具有相同的法 Jacobi 场, 其截面曲率仍为 κ. 因此, $B_p(r)$ 与 $B^\kappa(r)$ 是等距的.

12.2　体积比较定理的应用

现在我们给出体积比较定理的几个常见应用. 其中前两个应用是直接的.

定理 12.6(Cheng)　设 (M,g) 是完备的黎曼流形, $\mathrm{Ric} \geqslant (m-1)\kappa > 0$ 且 M 中存在两点的距离 $\geqslant \pi/\sqrt{\kappa}$, 则 M 等距于半径为 $1/\sqrt{\kappa}$ 的球面.

证明　不妨设 $\kappa = 1$. 由 Bonnet-Myers 定理, $\mathrm{Ric} \geqslant (m-1)$ 蕴含了 M 中任意两点的距离 $\leqslant \pi$. 于是, 条件表明存在两点 p, q, 其距离恰好等于 π, 且这时 $B_p(\pi) = B_q(\pi) = M$. 由相对体积比较定理,

$$\frac{\mathrm{vol}(B_p(\pi/2))}{\mathrm{vol}(B_p(\pi))} \geqslant \frac{\mathrm{vol}(B^1(\pi/2))}{\mathrm{vol}(B^1(\pi))} = \frac{1}{2},$$

即 $\mathrm{vol}(B_p(\pi/2)) \geqslant \frac{1}{2}\mathrm{vol}(M)$. 同理 $\mathrm{vol}(B_q(\pi/2)) \geqslant \frac{1}{2}\mathrm{vol}(M)$. 然而 $B_p(\pi/2) \cap B_q(\pi/2) = \varnothing$, 所以上面的不等号都为等号. 于是, $B_p(\pi/2)$ 和 $B_q(\pi/2)$ 都等距于半个球面, M 等距于单位球面. □

定理 12.7(Calabi-Yau) 设 (M, g) 是完备非紧的黎曼流形, 且 $\mathrm{Ric} \geqslant 0$, 则存在依赖于 $p \in M$ 和维数 m 的常数 c, 使得

$$\mathrm{vol}(B_p(r)) \geqslant cr$$

对任意 $r \geqslant 2$ 成立.

证明 由习题 6.2 的结论, 对任意 $p \in M$, 存在一条射线 $\gamma : [0, \infty) \to M$ 使得 $\gamma(0) = p$. 当 $t > 3/2$ 时, 利用相对体积比较定理, 有

$$\frac{\mathrm{vol}(B_{\gamma(t)}(t-1))}{\mathrm{vol}(B_{\gamma(t)}(t+1))} \geqslant \frac{\mathrm{vol}(B^0(t-1))}{\mathrm{vol}(B^0(t+1))} = \frac{(t-1)^m}{(t+1)^m}.$$

又易知 $B_p(1) \subset B_{\gamma(t)}(t+1) - B_{\gamma(t)}(t-1)$, 所以

$$\frac{\mathrm{vol}(B_p(1))}{\mathrm{vol}(B_{\gamma(t)}(t-1))} \leqslant \frac{\mathrm{vol}(B_{\gamma(t)}(t+1)) - \mathrm{vol}(B_{\gamma(t)}(t-1))}{\mathrm{vol}(B_{\gamma(t)}(t-1))}$$

$$\leqslant \frac{(t+1)^m - (t-1)^m}{(t-1)^m} \leqslant \frac{1}{C_m t}.$$

其中 C_m 是函数 $\dfrac{1}{t} \dfrac{(t-1)^m}{(t+1)^m - (t-1)^m}$ 在 $[3/2, \infty)$ 上的下确界. 于是我们得到

$$\mathrm{vol}(B_{\gamma(t)}(t-1)) \geqslant \mathrm{vol}(B_p(1)) C_m t.$$

取 $t = (r+1)/2, r \geqslant 2$, 再利用 $B_{\gamma(t)}(t-1) \subset B_p(r)$, 就得到待证的结论. □

现在, 我们应用体积比较定理来估计基本群的增长. 为此, 先回顾一些基本概念.

定义 12.8 设 Γ 是有限生成群. 固定一组生成元 $g_1, \cdots, g_k$, 则 Γ 中任一元素可写为

$$g = \prod_i g_{k_i}^{n_i},$$

其中 $1 \leqslant k_i \leqslant k$. 这样的写法可能是不唯一的. 对 g 的每一种写法, 称 $\sum_i |n_i|$ 为该写法的长度. 定义 g 的长度为它的所有不同写法的长度的最小值, 记作 $|g|$. 定义 Γ 的增长函数 $\Gamma(s)$ 为集合 $\{g \in \Gamma \mid |g| \leqslant s\}$ 中的元素个数.

例 12.9 如果 Γ 是有限群, 则 $\Gamma(s) \leqslant |\Gamma|$.

例 12.10 如果 $\Gamma = \mathbb{Z} \oplus \mathbb{Z}$, 则 Γ 可由 $g_1 = (1, 0)$ 和 $g_2 = (0, 1)$ 两个元素生成, Γ 中任一元素可写为 $g = s_1 g_1 + s_2 g_2$. 于是 $\Gamma(s)$ 等于满足 $|s_1| + |s_2| \leqslant s$ 的整数 s_1, s_2 的组数. 易知 $\Gamma(s) = 2s^2 + 2s + 1$. 这时我们称 Γ 具有多项式增长.

例 12.11 如果 Γ 是有 k 个生成元的自由 Abel 群, 则 $\Gamma(s)$ 是 k 次多项式.

定义 12.12　如果对 Γ 的任意一组生成元, 都存在常数 $a > 0$, 使得 $\Gamma(s) \leqslant as^n$, 则称 Γ 具有次数 $\leqslant n$ 的 多项式增长. 如果对 Γ 的任意一组生成元, 都存在常数 $a > 0$, 使得 $\Gamma(s) \geqslant \mathrm{e}^{as}$, 则称 Γ 具有 指数增长.

定理 12.13(Milnor)　如果 (M, g) 是完备的 m 维黎曼流形, 且 $\mathrm{Ric} \geqslant 0$, 则 $\pi_1(M)$ 的任意有限生成的子群具有次数 $\leqslant m$ 的多项式增长.

证明　令 $\pi : \tilde{M} \to M$ 为 M 的万有覆叠, 则 $\pi_1(M)$ 中的元素是黎曼度量 $\pi^* g$ 的等距. 设 $\Gamma = \langle g_1, \cdots, g_k \rangle$ 是 $\pi_1(M)$ 的有限生成的子群. 取定 $p \in \tilde{M}$. 设 $\ell = \max_i d(g_i p, p)$, 则对于 $g \in \Gamma$, 有 $d(gp, p) \leqslant |g|\ell$.

现在, 取 $\varepsilon > 0$, 使得对于 $g \in \Gamma$, $B_{gp}(\varepsilon)$ 彼此不相交, 则由

$$\cup_{|g| \leqslant s} B_{gp}(\varepsilon) \subset B_p(s\ell + \varepsilon), \quad B_{gp}(\varepsilon) = g B_p(\varepsilon),$$

可得

$$\Gamma(s) \cdot \mathrm{vol}(B_p(\varepsilon)) \leqslant \mathrm{vol}(B_p(s\ell + \varepsilon)).$$

从而由相对体积比较定理可得

$$\Gamma(s) \leqslant \frac{\mathrm{vol}(B_{\tilde{p}}(s\ell + \varepsilon))}{\mathrm{vol}(B_p(\varepsilon))} \leqslant \frac{\mathrm{vol}(B^0(s\ell + \varepsilon))}{\mathrm{vol}(B^0(\varepsilon))} = \frac{(s\ell + \varepsilon)^m}{\varepsilon^m}.$$

可见 $\Gamma(s)$ 被 s 的 m 次多项式所控制, 定理证毕.　$\square$

注　J. Milnor 曾猜想, 若 (M, g) 满足 $\mathrm{Ric} \geqslant 0$, 则 $\pi_1(M)$ 是有限生成的. 这一猜想目前仍未解决.

引理 12.14(Gromov)　*对任意紧致的黎曼流形 (M, g), 存在 $\pi_1(M, p)$ 的生成元 $[\gamma_1], \cdots, [\gamma_k]$, 使得 γ_i 的长度 $\leqslant 2\mathrm{diam}(M)$.*

证明　记 $D = \mathrm{diam}(M)$. 由于 M 是紧致的, 我们可取 $\varepsilon > 0$, 使得以任一点为中心, 以 ε 为半径的球是该点的法邻域. 我们对 M 进行三角剖分, 使得每个 m 维单形都落在某个半径为 $\varepsilon/2$ 的球内部. 设 $x_1, \cdots, x_k$ 为三角剖分的顶点, e_{ij} 为连接 x_i, x_j 的最短测地线. 由于 $\mathrm{Cut}(p)$ 的测度为零, 不妨设 x_i 都不属于 $\mathrm{Cut}(p)$.

设从 p 到 x_i 的最短测地线为 σ_i, 令 $\sigma_{ij} = \sigma_i e_{ij} \sigma_j^{-1}$, 则 σ_{ij} 的长度小于 $2D + \varepsilon$.

对于 p 点的任一闭路 σ, 它同伦于上述三角剖分的一个一维骨架, 即 σ 同伦于一系列 σ_{ij} 的乘积. 这就证明了 $\{\sigma_{ij}\}$ 生成 $\pi_1(M, p)$.

现在, 在 σ_{ij} 所在的同伦类中取过 p 点的闭测地线 g_{ij}. 这些闭测地线的长度的集合是离散的, 因此, 存在正数 δ, 使得这些闭测地线的长度不属于区间 $(2D, 2D + \delta)$. 现在, 只要调整 ε, 使得 $\varepsilon < \delta$, 则 g_{ij} 的长度都 $\leqslant 2D$.　$\square$

定理 12.15(Anderson)　考虑所有满足 $\mathrm{Ric} \geqslant (m - 1)\kappa > 0$, $\mathrm{vol}(M) \geqslant V > 0$, $\mathrm{diam}(M) \leqslant D$ 的 m 维完备黎曼流形 (M, g), 则 $\pi_1(M)$ 只有有限种可能的同构型.

证明　由引理, 可设 $[\gamma_1], \cdots, [\gamma_k]$ 是 $\pi_1(M, p)$ 的生成元, 且 γ_i 的长度 $\leqslant 2D$. 要证明这个定理, 只需证明生成元的个数 k 可被 κ, V, D 所控制.

考虑 M 的万有覆叠 $\pi : \tilde{M} \to M$, 并在 $\tilde{M}$ 中取点 $\tilde{p}$ 使得 $\pi(\tilde{p}) = p$. 这时 $\pi_1(M, p)$ 是拉回度量 $\pi^* g$ 的等距群.

我们在 $\tilde{M}$ 中取基域 F, 即 $\pi(F) = M$, 且当 g_1 和 g_2 是 $\pi_1(M, p)$ 中不同元素时, $g_1(F) \cap g_2(F)$ 的测度为零. 进一步, 不妨设 $\tilde{p}$ 在 F 中. 这时, $[\gamma_i](\tilde{p})$ 在 $[\gamma_i](F)$ 中, 从而 $[\gamma_i](F)$ 中任一点 x 满足

$$d(x, \tilde{p}) \leqslant d(x, [\gamma_i](\tilde{p})) + d(\tilde{p}, [\gamma_i](\tilde{p})) \leqslant D + 2D,$$

即 $[\gamma_i](F) \subset B(\tilde{p}, 3D)$. 由于每一个 $[\gamma_i](F)$ 的体积都等于 $\mathrm{vol}(M)$, 我们得到

$$k \leqslant \frac{\mathrm{vol}(B_{\tilde{p}}(3D))}{\mathrm{vol}(M)} \leqslant \frac{\mathrm{vol}(B^\kappa(3D))}{V}.$$

于是定理得证. □

注　定理中关于体积的条件是不能去掉的. 例如, $S^3/\mathbb{Z}_n$ 的截面曲率恒为 1, 直径为 $\pi/2$, 基本群为 $\mathbb{Z}_n$. 但当 $n \to \infty$ 时, $\mathrm{vol}(S^3/\mathbb{Z}_n) \to 0$.

12.3　附　　注

Cheng 在证明他的定理时, 使用的是特征值比较定理. 这里使用体积比较定理的证法, 最早应该是 Shiohama 发现的.

与体积比较定理类似的还有 Laplace 比较定理 (习题 12.1)、平均曲率比较定理、Toponogov 三角比较定理. 对此感兴趣的读者可参考 [10] 或 [38]. M. Gromov 运用体积比较定理和 Toponogov 比较定理, 给出了 Betti 数的估计[19].

12.4　习　　题

12.1 设 (M, g) 是完备的黎曼流形, 固定一点 p, 令 $r(x) = d(p, x)$ 为距离函数, 它在 p 点的割迹以外是光滑的. 如果 $\mathrm{Ric} \geqslant (m-1)\kappa$, 证明: $\Delta r \leqslant \Delta^\kappa r$, 其中 $\Delta^\kappa r$ 表示截面曲率为 κ 的空间形式中的相应函数, 即

$$\Delta^\kappa r = \begin{cases} (m-1)\sqrt{\kappa} \cot(\sqrt{\kappa} r), & \kappa > 0, \\ (m-1)/r, & \kappa = 0, \\ (m-1)\sqrt{-\kappa} \coth(\sqrt{-\kappa} r), & \kappa < 0. \end{cases}$$

(提示: 对距离函数 r 用 Weitzenböck 公式.)

12.2 设 (M, g) 在极坐标系中的体积元为 $A(r, \sigma)$. 证明上题中的 $\Delta r = \partial_r A / A$, 并利用上题结论证明体积元比较定理.

12.3(Milnor) 设 (M, g) 是紧致的黎曼流形, 且 $K < 0$. 证明 $\pi_1(M)$ 具有指数增长.

12.4 三维 Heisenberg 群 H 为形如 $\begin{bmatrix} 1 & x & z \\ & 1 & y \\ & & 1 \end{bmatrix}$ 的所有实矩阵所构成的集合.

令 $H_{\mathbb{Z}}$ 为 H 中所有元素都是整数的那些矩阵构成的子群. 这时, $M = H / H_{\mathbb{Z}}$ 是一个紧致的三维流形, 其基本群为 $H_{\mathbb{Z}}$. 证明 $H_{\mathbb{Z}}$ 具有 4 次多项式增长, 并由此说明 M 上不存在 $\mathrm{Ric} \geqslant 0$ 的黎曼度量.

第十三讲 仿射变换和射影对应

在这一讲, 我们来讨论黎曼流形上的相似变换、仿射变换和射影变换. 结果表明, 在大多数情况下, 它们都只能是等距变换.

13.1 仿 射 变 换

前面已经提到, 相似变换是仿射变换的特例. 我们首先说明, 只有局部欧氏空间才允许非平凡的相似变换.

引理 13.1 设 (M, g) 是完备的黎曼流形, $f : M \to M$ 是相似变换, 即 $f^* g = c^2 \cdot g$, 其中 c 为正数 (称为相似比). 如果 $c \neq 1$, 则 (M, g) 是局部欧氏空间.

证明 首先不妨设 $c < 1$ (否则考虑 f^{-1}, 它的相似比是 $1/c$). 由于相似变换 f 保持黎曼联络, 所以它保持曲率算子, 即

$$f_*(R(X, Y)Z) = R(f_* X, f_* Y)(f_* Z), \quad \forall X, Y, Z \in T_x M.$$

这样, 结合 $f^* g = c^2 \cdot g$, 可知

$$R(f_* X, f_* Y, f_* X, f_* Y) = c^2 R(X, Y, X, Y).$$

注意到 $|f_* X \wedge f_* Y|^2 = c^4 |X \wedge Y|^2$, 我们得到

$$K(X \wedge Y) = c^2 K(f_* X \wedge f_* Y), \quad \forall X, Y \in T_x M, X \wedge Y \neq 0.$$

换句话说, 对于任意切平面 $P \subset T_x M$, 如果相似变换 f 将它变为切平面 $P_1 \in T_{x_1} M$, 则 $K(P) = c^2 K(P_1)$. 继续用 f 作用, 设 f 将切平面 $P_n \in T_{x_n} M$ 变为 $P_{n+1} \in T_{x_{n+1}} M$, $n = 1, 2, \cdots$, 则有

$$K(P) = c^{2n} K(P_n).$$

只要能证明, 当 $n \to \infty$ 时, $K(P_n)$ 是有界的, 我们就证明了 $K(P) = 0$.

为此, 我们首先说明, f 有唯一的不动点. 事实上, 若 x 与 $x_1 = f(x)$ 之间的距离为 d_0, 则 $x_1 = f(x)$ 与 $x_2 = f(x_1)$ 之间的距离 $\leqslant c \cdot d_0$, 如此下去, x_k 与 x_{k+1} 之间的距离 $\leqslant c^k d_0$. 可见点列 $\{x_k\}$, $k = 0, 1, \cdots$ 是 Cauchy 列, 从而必有极限点 x_0. 易知 x_0 就是 f 的不动点, 且是唯一的.

取 x_0 的邻域 U, 使其闭包 $\bar{U}$ 为紧集. 从而, U 中各点的截面曲率有界. 当 n 足够大时, $x_n \in U$, 所以 $K(P_n)$ 有界. 引理证毕. $\qquad\qquad\qquad\qquad\qquad\square$

为了讨论仿射变换和平行移动之间的关系, 我们需要借助和乐群 $\mathrm{Hol}(x)$.

设 E 是 $T_x M$ 的子空间, 如果

$$P_\gamma E \subset E, \quad \forall P_\gamma \in \mathrm{Hol}(x),$$

则称 E 是 $\mathrm{Hol}(x)$ 作用的一个不变子空间. 如果 E 没有非平凡的 $\mathrm{Hol}(x)$ 不变子空间, 则称 E 是和乐不可约的. 如果 $T_x M$ 是和乐不可约的, 则称 M 是 和乐不可约的, 否则称 M 是 和乐可约 的.

定理 13.2(Kobayashi)　如果 (M, g) 是完备、和乐不可约的黎曼流形, 且 M 不是 1 维局部欧氏空间, 则 M 上任意仿射变换都是等距变换.

证明　设 f 是仿射变换, 则 $f^* g$ 与 g 的黎曼联络相同 (都记作 ∇), 从而它们所定义的平行移动是一致的, 和乐群也相同. 由条件, 以 x 为基点的和乐群 $\mathrm{Hol}(x)$ 在 $T_x M$ 上的作用不可约, 而 $T_x M$ 上的两个内积 $g_x, (f^* g)|_x$ 都在 $\mathrm{Hol}(x)$ 作用下不变, 因此, 它们相差一个常数倍, 即存在依赖于 x 的常数 $c(x)$, 使得 $(f^* g)|_x = c(x)^2 \cdot g_x$. 换言之, $f^* g$ 与 g 是共形的. 又由于 $f^* g$ 和 g 关于联络 ∇ 都是平行的, 所以 $c(x)$ 为常值函数, 即 f 是相似变换.

如果 M 是维数大于等于 2 的局部欧氏空间, 则其和乐群是平凡群, 不是不可约的, 与定理的假设矛盾. 所以 M 不是局部欧氏空间. 由引理 13.1 可知, f 是等距变换. $\qquad\qquad\qquad\qquad\qquad\square$

当 M 和乐可约时, 我们有如下的 de Rham 分解定理 (证明可参见 [28, Chap. IV, §5].

定理 13.3　设 (M, g) 是连通、单连通、完备的黎曼流形, $x \in M$, 且 $T_x M$ 可分解为子空间 $T_x^0, T_x^1, \cdots, T_x^r$ 的正交直和, 其中 $\mathrm{Hol}(x)$ 在 T_x^0 上的作用是平凡的, 且在 $T_x^1, \cdots, T_x^r$ 上的作用是不可约的. 这时, 可将 $T_x^0, T_x^1, \cdots, T_x^r$ 平行移动到 M 的各点, 得到 M 上整体定义的切子空间场 $T^0, T^1, \cdots, T^r$, 且这些切子空间场都是完全可积的. 设它们过 x 点的极大连通积分子流形分别为 $M_0, M_1, \cdots, M_r$, 则 $M_0, M_1, \cdots, M_r$ 都是 M 的全测地子流形, M_0 是欧氏空间 (维数可能为零), 且 M 与黎曼直积 $M_0 \times M_1 \times \cdots \times M_r$ 等距.

如果记 M 的仿射变换群为 $\mathcal{A}(M)$, 它的单位连通分支为 $\mathcal{A}^0(M)$, 则有

引理 13.4　若 $\varphi \in \mathcal{A}^0(M)$, 则 $\varphi(T_x^i) = T_{\varphi(x)}^i$, $0 \leqslant i \leqslant r$.

证明　设 τ 是以 x 为基点的闭曲线, 则 $\tilde{\tau} = \varphi \circ \tau$ 是以 $\varphi(x)$ 为基点的闭曲线. 由于 φ 是仿射变换, 它与平行移动可交换, 即 $\varphi_* \circ P_\tau = P_{\tilde{\tau}} \circ \varphi_*$. 这表明 $\varphi_*(T_x^i)$ 也是 $P_{\tilde{\tau}}$ 作用的不变子空间.

进一步, 任取 $\mathcal{A}^0(M)$ 中的单参数子群 φ_t 及非零向量 $X \in T_x^i$, 则由 $g(\varphi_{0*}X, X) = g(X, X) \neq 0$ 可知, 当 $|t|$ 足够小时, $g(\varphi_{t*}X, P_tX) \neq 0$, 其中 P_t 表示沿曲线 $t \mapsto \varphi_t(x)$ 的平行移动. 注意 $P_tX \in T_{\varphi_t(x)}^i$, 所以 $\varphi_{t*}X \in T_{\varphi_t(x)}^i$.

由于 $\mathcal{A}^0(M)$ 由它的单参数子群生成, 所以引理得证. □

注 如果 $\varphi \in \mathcal{A}(M)$, 则 $\varphi(T_x^i)$ 不一定等于 $T_{\varphi(x)}^i$, 而可能等于其他的某个 $T_{\varphi(x)}^j$. 参见习题 13.1.

定理 13.5 若 $M = M_0 \times M_1 \times \cdots \times M_r$ 是连通、单连通、完备黎曼流形 M 的 de Rham 分解, 则

$$\mathcal{A}^0(M) = \mathcal{A}^0(M_0) \times \mathcal{I}^0(M_1) \times \cdots \times \mathcal{I}^0(M_r),$$

其中 $\mathcal{I}^0(M_i)$ 表示 M_i 的等距群的单位连通分支.

证明 记 $\pi_i : M \to M_i$ 为自然投影, $i = 0, 1, \cdots, r$. 对于 M 上任一仿射变换 φ, 我们先证明如下断言: $\pi_i(\varphi(x))$ 仅依赖于 $x_i = \pi_i(x)$. 任取一点 $y \in M$, 使得 $\pi_i(y) = x_i$. 我们在 M_j 中取曲线 $x_j(t), 0 \leqslant t \leqslant 1$, 使得 $x_j(0) = \pi_j(x), x_j(1) = \pi_j(y)$, $0 \leqslant j \leqslant r, j \neq i$. 这样得到 M 中曲线

$$x(t) = (x_0(t), \cdots, x_{i-1}(t), x_i, x_{i+1}(t), \cdots, x_r(t)).$$

注意 $x'(t)$ 属于 $T^0 + \cdots + T^{i-1} + T^{i+1} + \cdots + T^r$, 由上面的引理可知 $\varphi_*(x'(t))$ 也属于同一子空间, 即 $\pi_{i*}(\varphi_*(x'(t))) = 0$. 可见 $\pi_i\varphi(x(t))$ 与 t 无关, 特别地, $\pi_i(\varphi(x)) = \pi_i(\varphi(y))$, 于是断言得证.

现在定义映射 $\varphi_i : M_i \to M_i$ 如下

$$\varphi_i(x_i) = \pi_i(\varphi(x)),$$

则显然有

$$\varphi(x) = (\varphi_0(x_0), \varphi_1(x_1), \cdots, \varphi_r(x_r)),$$

且 $\varphi_i, 0 \leqslant i \leqslant r$ 都是仿射变换. □

13.2 射影等价性

与共形变换类似, 真正的射影变换只在极少数黎曼流形上存在[32]. 但局部的射影对应可以在许多流形上存在.

定义 13.6 设 (M, g) 和 (M', g') 是两个黎曼流形, 如果任一点 $p \in M$ 有邻域 U 和微分同胚 $f : U \to f(U) \subset M'$, 使得对于 U 中的任一测地线 γ, 曲线 $f \circ \gamma$ 经重新参数化后就是 $f(U)$ 中的测地线, 则称这两个黎曼流形是局部射影等价的.

例 13.7　对于球面 S^m 上任一点 p, 将以 p 为中心的半球面记作 U_p, 即

$$U_p = \{q \in S^m \mid \langle p, q \rangle > 0\}.$$

又取 p 点的切空间 T_p(这里我们将它看作 $\mathbb{R}^{m+1}$ 中的超平面, 等同于 $\mathbb{R}^m$), 对于 U_p 中任一点 q, 取过 q 的直径与 T_p 相交, 将交点记作 $\varphi_p(q)$. 于是得到映射 $\varphi_p : U_p \to T_p$. 从直观上便能看出, φ_p 将 U_p 中的大圆弧映为 T_p 中的直线 (见下图). 因此, 单位球面 S^m 与欧氏空间 $\mathbb{R}^m$ 是局部射影等价的.

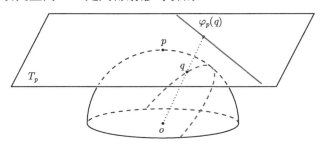

在局部射影等价的定义中, 如果我们只在邻域 U 上考虑, 则黎曼度量 g 和 $\tilde{g} = f^* g'$ 的测地线仅相差一个重新参数化. 针对这种情形, 我们先来建立如下引理.

引理 13.8　若 g 和 $\tilde{g}$ 是坐标邻域 (U, x^i) 上的两个黎曼度量, 且它们的测地线仅相差一个重新参数化, 则存在函数 $b_k \in C^\infty(U)$, 使得两个度量的联络系数 Γ^i_{jk} 和 $\tilde{\Gamma}^i_{jk}$ 满足

$$\Gamma^i_{jk}(x) = \tilde{\Gamma}^i_{jk}(x) + \frac{1}{2} b_j(x) \delta^i_k + \frac{1}{2} b_k(x) \delta^i_j. \tag{13.1}$$

证明　对于黎曼度量 g, 设 $\gamma(t)$ 是满足 $\gamma(0) = x$, $\gamma'(0) = y$ 的测地线. 于是存在函数 $s = s(t)$, 使得 $\tilde{\gamma} = \gamma \circ s$ 是黎曼度量 $\tilde{g}$ 的测地线. 由于 s 可相差一个一次函数, 适当调整 s, 可设 $s(0) = 0$, $s'(0) = 1$. 我们有

$$\tilde{\gamma}' = s' \cdot \gamma', \quad \tilde{\gamma}'' = s'' \cdot \gamma' + s' \cdot \gamma'',$$

代入测地线方程 $(\tilde{\gamma}^i)'' + \tilde{\Gamma}^i_{jk}(\tilde{\gamma})(\tilde{\gamma}^j)'(\tilde{\gamma}^k)' = 0$, 并令 $s = 0$, 可得

$$s''(0) y^i + \ddot{\gamma}^i(0) + \tilde{\Gamma}^i_{jk}(x) y^j y^k = 0.$$

再将 $\ddot{\gamma}^i + \Gamma^i_{jk} \dot{\gamma}^j \dot{\gamma}^k = 0$ 代入上式, 就得到

$$\Gamma^i_{jk} y^j y^k - \tilde{\Gamma}^i_{jk} y^j y^k = s''(0) y^i.$$

注意, $\Gamma^i_{jk} y^j y^k - \tilde{\Gamma}^i_{jk} y^j y^k$ 是关于 (y^i) 的二次型. 上式表明它有一次因式 y^i, 所以它有另外的一次因式, 记作 $b_k(x) y^k$, 于是

$$\Gamma^i_{jk}(x) y^j y^k = \tilde{\Gamma}^i_{jk}(x) y^j y^k + b_k(x) y^k y^i,$$

比较两端二次型的矩阵, 就得到 (13.1).　　　　　　　　　　　　　　□

现在, 我们在 U 上定义 $(1,1)$ 型张量场 G 如下

$$g(u,v) = \tilde{g}(Gu,v), \quad \forall u, v \in T_xU, x \in U.$$

引理 13.9　若 g 和 $\tilde{g}$ 是坐标邻域 (U, x^i) 上的两个黎曼度量, 它们的测地线仅相差一个重新参数化, 那么, 对于黎曼度量 g 的任一测地线 $c : (0,1) \to U$, 如下定义的函数

$$f = \big(\det(G)\big)^{2/(m+1)} \tilde{g}(\dot{c}, \dot{c})$$

沿着测地线 c 为常数.

证明　在 U 上取坐标系 (x^i), 注意 $\det(G) = \det(g_{ij})/\det(\tilde{g}_{ij})$, 且

$$\partial_k \det(g_{ij}) = \det(g_{ij}) g^{pq} \partial_k g_{pq} = 2\det(g_{ij}) \Gamma^p_{kp},$$

也即 $\partial_k \ln \det(g_{ij}) = 2\Gamma^p_{kp}$. 同理 $\partial_k \ln(\tilde{g}_{ij}) = 2\tilde{\Gamma}^p_{kp}$. 于是我们有

$$\partial_k \ln \det(G) = 2\Gamma^p_{kp} - 2\tilde{\Gamma}^p_{kp} = (m+1)b_k,$$

这里我们使用了引理 13.8. 由此可知, $\dfrac{2}{m+1} \ln \det(G)$ 沿测地线 c 的导数等于 $2b_k\dot{c}^k$.

又注意到 $\tilde{g}(\dot{c}, \dot{c})$ 沿测地线 c 的导数等于

$$\dot{c}^k \partial_k \tilde{g}_{ij} \dot{c}^i \dot{c}^j + 2\tilde{g}_{ij} \ddot{c}^i \dot{c}^j$$
$$= \dot{c}^k (\tilde{\Gamma}_{ijk} + \tilde{\Gamma}_{jik}) \dot{c}^i \dot{c}^j - 2\tilde{g}_{lj} \Gamma^l_{ik} \dot{c}^i \dot{c}^k \dot{c}^j$$
$$= 2\tilde{g}_{lj} (\tilde{\Gamma}^l_{ik} - \Gamma^l_{ik}) \dot{c}^k \dot{c}^i \dot{c}^j$$
$$= -2b_k \dot{c}^k \tilde{g}_{ij} \dot{c}^i \dot{c}^j = -2b_k \dot{c}^k \tilde{g}(\dot{c}, \dot{c}).$$

因此, $\ln \tilde{g}(\dot{c}, \dot{c})$ 沿测地线 c 的导数等于 $-2b_k \dot{c}^k$.

以上两方面合起来, 就得到, $\ln f$ 沿测地线 c 的导数等于 0, 即 f 沿 c 为常数. □

推论 13.10(Knebelman)　设 g 和 $\tilde{g}$ 是开集 $U \subset \mathbb{R}^m$ 上的两个黎曼度量, 它们的测地线仅相差一个重新参数化. 如果 v 是 g 的 Killing 场, 则

$$\tilde{v} = (\det(G))^{-1/(m+1)} G(v)$$

是 $\tilde{g}$ 的 Killing 场.

证明　我们用 Noether 对 Killing 场的刻画 (参见习题 4.1) 来证明这个结论. 由于 v 是 g 的 Killing 场, 所以 $g(v, \dot{c})$ 沿任意测地线 c 为常数. 为便于讨论, 不妨设 $g(\dot{c}, \dot{c}) = 1$. 这时存在函数 s 使得 $\tilde{c} = c \circ s$ 是 $\tilde{g}$ 的测地线且 $\tilde{g}(\tilde{c}', \tilde{c}') = 1$. 为证明 $\tilde{v}$ 是 $\tilde{g}$ 的 Killing 场, 我们只需证明 $\tilde{g}(\tilde{v}, \tilde{c}')$ 沿着 c 为常数.

由于 $\tilde{c}' = s' \cdot \dot{c}$, 所以 $(s')^2 \tilde{g}(\dot{c}, \dot{c}) = 1$, 即 $s' = (\tilde{g}(\dot{c}, \dot{c}))^{-1/2}$. 我们有

$$\tilde{g}(\tilde{v}, \tilde{c}') = \det(G)^{-1/(m+1)} \cdot s' \cdot \tilde{g}(Gv, \dot{c})$$
$$= \det(G)^{-1/(m+1)} \cdot (\tilde{g}(\dot{c}, \dot{c}))^{-1/2} g(v, \dot{c}).$$

由引理 13.9 可知 $\det(G)^{-1/(m+1)} \cdot (\tilde{g}(\dot{c}, \dot{c}))^{-1/2}$ 为常数, 从而 $\tilde{g}(\tilde{v}, \tilde{c}')$ 为常数. □

这个推论说明, g 和 $\tilde{g}$ 在开集 U 上的 Killing 场所构成的线性空间具有相同的维数, 从而它们等距群的维数相同.

定义 13.11　如果黎曼流形 (M, g) 与欧氏空间局部射影等价, 则称它是 **局部射影平坦** 的.

前面的例子表明, 球面是局部射影平坦的.

定理 13.12(Beltrami)　**黎曼流形 (M, g) 是局部射影平坦的, 当且仅当它是常曲率空间.**

证明　如果 (M, g) 是局部射影平坦的, 则在 (M, g) 的任一坐标邻域 (U, x^i) 上, 利用局部射影对应 $f: U \to \mathbb{R}^m$, 可得到拉回度量 $\tilde{g} = f^* g'$. 这时, g 和 $\tilde{g}$ 的测地线仅相差一个重新参数化. 由前面 Knebelman 的结论, g 和 $\tilde{g}$ 在 U 上具有相同维数的 (局部) 等距群. 由于 $(U, \tilde{g})$ 等距于 $\mathbb{R}^m$ 的开集, 其 (局部) 等距群的维数为 $m(m+1)/2$, 所以 (M, g) 的等距群维数为 $m(m+1)/2$. 由习题 8.4 的结论, (M, g) 是常曲率空间.

反之, 若 (M, g) 的截面曲率为常数 c, 则任一点有坐标邻域 (U, x^i) 使得

$$g = \frac{4}{(1 + c|x|^2)^2} \delta_{ij} \, \mathrm{d}\, x^i \otimes \mathrm{d}\, x^j.$$

这时, 定义映射 $f: U \to \mathbb{R}^m$ 如下

$$f(x) = \frac{4x}{4 - c|x|^2}.$$

容易验证, f 将 U 中测地线变为 $\mathbb{R}^m$ 中的直线. □

13.3　附　注

射影等价和射影平坦性质还可在 Finsler 几何的框架下考虑. 光滑情形的 Hilbert 第四问题就是要找出所有局部射影平坦的 Finsler 度量. A. Paiva 的 [37] 是关于 Hilbert 第四问题的介绍和综述, 处理方法非常初等. S.-S. Chern 和 Z. Shen 的著作 [12] 第 8 章包含了大量有趣的局部射影平坦 Finsler 度量的例子.

13.4 习　　题

13.1 在 $S^2 \times S^2$ 上取标准乘积度量. 证明: 将 $(p,q) \in S^2 \times S^2$ 映射到 (q,p) 的变换是仿射变换.

13.2 在黎曼流形上, 如果向量场 X 生成的流是单参数仿射变换变换群, 则称 X 为仿射向量场. 证明: (1) 仿射向量场在任意测地线上的限制是 Jacobi 场; (2) 紧致黎曼流形上的仿射向量场一定是 Killing 场.

13.3 如果偶数维黎曼流形 (M,g) 的截面曲率处处 > 0, 则任意 Killing 场必有零点.

13.4 设 X 是黎曼流形 (M,g) 的 Killing 场, 它生成的流为 φ_t. 如果 x 是函数 $g(X,X)$ 的一个临界点, 证明 $t \mapsto \varphi_t(x)$ 是一条测地线.

13.5 直接用引理 13.9 证明: 如果 (M,g) 是 $\geqslant 3$ 维的局部射影平坦黎曼流形, 则它的截面曲率为常数.

第十四讲　齐性黎曼流形

可以证明, 任意黎曼流形的等距群是李群 (见 [28]). 对大多数黎曼流形来说, 等距群是离散的, 或是维数较低的, 但也有一些黎曼流形, 其等距群的维数 (相对流形的维数而言) 较高, 这时我们就认为该流形具有较好的对称性. 在这当中, 有一种情况最为引人注意, 就是所谓齐性黎曼流形. 这时等距群在流形上的作用是可迁的 (transitive).

下面我们从一般的齐性空间开始展开讨论.

14.1　齐 性 空 间

设李群 G 在光滑流形 M 上有一个光滑的左作用, 即有光滑映射 $\sigma : G \times M \to M$ 满足

(1) $\sigma(e, x) = x, \forall x \in M$, 这里 e 是 G 中的单位元;

(2) $\sigma(a, \sigma(b, x)) = \sigma(ab, x), \forall a, b \in G, x \in M$.

在不引起混淆时, 我们将 $\sigma(f, x)$ 写成 $f \cdot x$ 或 $f(x)$. 写成 $f(x)$ 这种形式, 能够提醒我们, G 中每个元素乃是 M 上的一个变换. 而如果写成 $f \cdot x$ 这种形式, 则上述条件 (2) 可以写成更吸引人的方程 $a \cdot (b \cdot x) = ab \cdot x$.

通常, 我们假定这个作用是有效的, 即: 如果 $f \in G$ 保持 M 中每个点都不动, 则 $f = e$. 进一步, 如果对 M 中任意两点 p, q, 存在某个 $f \in G$, 使得 $f(p) = q$, 则称这个作用是可迁的, 也称 M 是群 G 的一个齐性空间. 注意, 同一个流形可能允许多个李群的可迁作用, 例如 15 维球面 S^{15}, 就允许 $SO(16), SU(8), Sp(4), Spin(9)$ 这四个不同李群的作用, 且都是可迁的.

现在, 取定 $o \in M$, 设 H 是 o 点的迷向子群, 即

$$H = \{h \in G \mid h(o) = o\}.$$

容易验证, 映射 $aH \mapsto a \cdot o$ 给出陪集空间 $G/H = \{aH \mid a \in G\}$ 到 M 的同胚 (参见 [24]). 由于这个同胚, 我们可以相信, 齐性空间 M 上每一个在群 G 作用下保持不变的几何量都可以用 G 和 H 相关的量来描述. 为了便于理解, 我们将这个过程分为两步来进行.

第一步, 我们说明, M 上 G 不变的对象一一对应于 $T_o M$ 上 H 不变的对象. 举

例来说, 对于 M 上的向量场 V, 如果 V 是 G 不变的, 即

$$f_*V = V, \quad \forall f \in G,$$

则有

$$h_*V(o) = V(o), \quad \forall h \in H. \tag{14.1}$$

即切向量 $V(o)$ 是 H 不变的. 反过来, 只要在 T_oM 中任意指定一个 H 不变的切向量 $V(o)$, 则我们可利用群 G 的作用将这个切向量搬到其他的切空间. 具体地, 若 $x \in M$, 则存在 $a \in G$ 使得 $x = a \cdot o$. 这时就定义 $V(x) = a_*V(o)$. 当然, 这样的 a 可能不唯一, 所以需要验证 $V(x)$ 的值与 a 的选取无关; 另外, 还需要验证所得到的向量场 V 确实是 G 不变的. 容易发现, 这些最终都归结到 (14.1). 采用类似的办法, 就可以证明, M 上 G 不变的张量场——对应于 T_oM 上 H 不变的张量场.

第二步, 我们来建立 T_oM 与 T_eG 的某个子空间之间的一一对应关系.

回忆一下, G 的李代数 $\mathfrak{g}$ 定义为 G 上左不变向量场的集合, 它同构于 T_eG. 为简化记号, 我们将 $\mathfrak{g}$ 与 T_eG 等同起来, 类似地, 将 H 的李代数 $\mathfrak{h}$ 与 T_eH 等同起来. 对于 $X \in T_eG$, 设 X 对应的单参数子群为 $f_t = \exp(tX)$, $t \in \mathbb{R}$. 这时, f_t 是 M 上的单参数变换群, 它在 M 上生成一个向量场, 记作 X^*, 称为 X 对应的 **基本向量场**. 如果定义映射 $\tau : G \to M$ 如下

$$\tau(f) = \sigma(f, o) = f \cdot o, \quad f \in G,$$

则对 $X \in \mathfrak{g}, a \in G$ 有

$$\tau(\exp(tX)a) = \exp(tX) \cdot (a \cdot o), \quad t \in \mathbb{R}.$$

上式两端在 $t = 0$ 处对 t 求导, 可得 $\tau_*(R_{a*}X) = X^*(a \cdot o)$, 即

$$\tau_* \widetilde{X} = X^*, \tag{14.2}$$

其中 $\widetilde{X}$ 表示 X 所对应的右不变向量场. 上面的等式表明, τ_* 将右不变向量场变为基本向量场, 于是对于 $X, Y \in T_eG$, 有

$$\tau_*[\widetilde{X}, \widetilde{Y}] = [\tau_* \widetilde{X}, \tau_* \widetilde{Y}] = [X^*, Y^*].$$

然而, 按照传统, T_eG 上的李代数结构是从左不变向量场获得的, 它与右不变向量场所诱导的李代数相差一个符号, 即有 $[X, Y] = -[\widetilde{X}, \widetilde{Y}]_e$. 因此, 结合上面的等式就得到 $\tau_*[X, Y] = -[X^*, Y^*](o)$, 或

$$[X, Y]^* = -[X^*, Y^*]. \tag{14.3}$$

我们再看一下 (14.2). 它有另一个有用的推论, 即 $\tau_* X = X^*(o)$. 换句话说, 在 $T_e G$ 与 $T_o M$ 之间有一个自然的线性映射, 就是 τ_*. 容易看出, 这个线性映射的核就是 $\mathfrak{h}$. 如果取 $\mathfrak{h}$ 在 $\mathfrak{g}$ 中的任一补子空间 $\mathfrak{m}$, 则 τ_* 诱导了 $\mathfrak{m}$ 与 $T_o M$ 之间的线性同构.

进一步, 对任意 $a \in H, X \in \mathfrak{g}$ 有

$$\tau(a \exp(tX)a^{-1}) = a\exp(tX) \cdot (a^{-1} \cdot o), \quad t \in \mathbb{R},$$

上式两端在 $t = 0$ 处对 t 求导, 可得

$$\tau_*(Ad(a^{-1})X) = (a_* X^*)(o). \tag{14.4}$$

也就是说, 在前述线性映射下, $Ad(a^{-1})X$ 对应到 $(a_* X^*)(o)$. 这意味着, $Ad(H)$ 在 $\mathfrak{g}$ 上的作用恰好对应于 H 在 $T_o M$ 上的作用. 如果子空间 $\mathfrak{m}$ 具有性质 $Ad(H)\mathfrak{m} \subset \mathfrak{m}$, 我们就获得了一个完美的对应: 这时 $T_o M$ 上 H 不变的对象一一对应于 $\mathfrak{m}$ 上 $Ad(H)$ 不变的对象.

然而, 对一般的齐性空间而言, 满足这种条件的子空间 $\mathfrak{m}$ 不一定存在. 在下一节, 我们将证明, 在齐性黎曼流形上, 这样的子空间 $\mathfrak{m}$ 一定存在.

14.2 不变黎曼度量

定义 14.1 设 $M = G/H$ 是齐性空间, 且 G 在 M 上的作用是有效的. 如果 M 上存在一个 G 不变的黎曼度量 g, 则称 (M, g) 为 **齐性黎曼流形**.

注意, g 是不变黎曼度量意味着

$$g(f_* X, f_* Y) = g(X, Y), \quad \forall f \in G, \quad X, Y \in T_x M.$$

特别地, 有

$$g(h_* X, h_* Y) = g(X, Y), \quad \forall h \in H, \quad X, Y \in T_o M.$$

这表明 H 在 $T_o M$ 上的作用是正交的, 因此 H 是紧致的.

引理 14.2 在齐性黎曼流形 $(M = G/H, g)$ 上, 设 $\mathfrak{g}, \mathfrak{h}$ 分别是 G, H 的李代数, 则存在 $\mathfrak{g}$ 的子空间 $\mathfrak{m}$, 使得 $Ad(H)\mathfrak{m} \subset \mathfrak{m}$ 且有直和分解 $\mathfrak{g} = \mathfrak{h} + \mathfrak{m}$.

证明 由于 H 是紧致的, 所以利用不变积分, 可在 $\mathfrak{g}$ 上构造 $Ad(H)$ 不变的内积, 记作 Q, 即有

$$Q(Ad(h)X, Ad(h)Y) = Q(X, Y), \quad \forall h \in H, \quad X, Y \in \mathfrak{g}.$$

令 $\mathfrak{m}$ 为 $\mathfrak{h}$ 在 $\mathfrak{g}$ 中的正交补, 则从上式可知 $Ad(H)\mathfrak{m} \subset \mathfrak{m}$. 注意, 上述内积 Q 一般而言并不唯一, 所以子空间 $\mathfrak{m}$ 的选取通常也不是唯一的. □

取定一个满足引理条件的子空间 $\mathfrak{m}$, 则 M 上的不变黎曼度量对应于 $\mathfrak{m}$ 上的 $Ad(H)$ 不变内积, 我们将这个内积记作 $(\,\cdot\,,\,\cdot\,)$. 于是

$$(Ad(h)X, Ad(h)Y) = (X, Y), \quad \forall h \in H,\ X, Y \in \mathfrak{m}. \tag{14.5}$$

在上式中取 $h = \exp(tZ)$, $Z \in \mathfrak{h}$, 再对 t 在 $t = 0$ 处求导, 就得到

$$([Z, X], Y) + (X, [Z, Y]) = 0, \quad \forall Z \in \mathfrak{h},\ X, Y \in \mathfrak{m}. \tag{14.6}$$

下面我们来计算齐性黎曼流形的曲率, 为此, 只需对 $X, Y \in \mathfrak{m}$ 计算出 $R(X^*, Y^*, Y^*, X^*)$ 在 o 点的值.

利用 Koszul 公式 (习题 2.1), 我们有

$$\begin{aligned}
2g(\nabla_{X^*} Y^*, Z^*) =\,& X^*(g(Y^*, Z^*)) + Y^*(g(Z^*, X^*)) \\
&- Z^*(g(X^*, Y^*)) + g([X^*, Y^*], Z^*) \\
&- g([Y^*, Z^*], X^*) + g([Z^*, X^*], Y^*).
\end{aligned}$$

注意 X^* 是 Killing 场, 即 $L_{X^*} g = 0$, 有

$$X^*(g(Y^*, Z^*)) = g([X^*, Y^*], Z^*) + g(Y^*, [X^*, Z^*]),$$

同理利用 Y^*, Z^* 是 Killing 场可得到另两式. 代入上述 Koszul 公式就得到

$$2g(\nabla_{X^*} Y^*, Z^*) = g([X^*, Y^*], Z^*) + g([Y^*, Z^*], X^*) - g([Z^*, X^*], Y^*). \tag{14.7}$$

这表明, $(\nabla_{X^*} Y^*)_o$ 可用内积和李括号表示出来. 具体地, 如果定义双线性映射 $U : \mathfrak{m} \times \mathfrak{m} \to \mathfrak{m}$ 如下

$$2(U(X, Y), Z) = -([Y, Z]_{\mathfrak{m}}, X) + ([Z, X]_{\mathfrak{m}}, Y), \forall X, Y, Z \in \mathfrak{m}. \tag{14.8}$$

其中下标 $\mathfrak{m}$ 表示从 $\mathfrak{g}$ 到 $\mathfrak{m}$ 的投影. 比较以上两式, 并利用对应关系 (14.3), 就得到

$$(\nabla_{X^*} Y^*)_o = -\frac{1}{2}[X, Y]_{\mathfrak{m}} + U(X, Y). \tag{14.9}$$

这里我们已将 $T_o M$ 等同于 $\mathfrak{m}$. 注意 $\nabla_{X^*} Y^*$ 一般不再是 Killing 场, 所以上式只是在 o 点成立.

方程 (14.7) 有两个有用的推论, 分别是

$$g(\nabla_{Y^*} Y^*, X^*) = g([Y^*, X^*], Y^*) \quad 和 \quad g(\nabla_{X^*} Y^*, X^*) = 0.$$

另外, 由于 Y^* 是 Killing 场, 所以 ∇Y^* 是反对称的 (习题 2.4), 这样

$$g(\nabla_{[X^*, Y^*]} Y^*, X^*) = -g(\nabla_{X^*} Y^*, [X^*, Y^*]).$$

利用这些事实我们有

$$R(X^*, Y^*, Y^*, X^*)$$
$$= g(\nabla_{X^*}\nabla_{Y^*}Y^*, X^*) - g(\nabla_{Y^*}\nabla_{X^*}Y^*, X^*) - g(\nabla_{[X^*,Y^*]}Y^*, X^*)$$
$$= X^*g(\nabla_{Y^*}Y^*, X^*) - g(\nabla_{Y^*}Y^*, \nabla_{X^*}X^*)$$
$$\quad - Y^*g(\nabla_{X^*}Y^*, X^*) + g(\nabla_{X^*}Y^*, \nabla_{Y^*}X^*) + g(\nabla_{X^*}Y^*, [X^*, Y^*])$$
$$= X^*g([Y^*, X^*], Y^*) - g(\nabla_{Y^*}Y^*, \nabla_{X^*}X^*) + g(\nabla_{X^*}Y^*, \nabla_{X^*}Y^*)$$
$$= g([X^*, [Y^*, X^*]], Y^*) + g([Y^*, X^*], [X^*, Y^*])$$
$$\quad - g(\nabla_{Y^*}Y^*, \nabla_{X^*}X^*) + g(\nabla_{X^*}Y^*, \nabla_{X^*}Y^*).$$

将上式限制在 o 点, 并利用 (14.9) 和 (14.8), 就得到

定理 14.3　设 $M = G/H$ 是齐性黎曼流形, 将 T_oM 等同于 $\mathfrak{g}$ 的子空间 $\mathfrak{m}$, 则对于 $X, Y \in \mathfrak{m}$, 有

$$R(X^*, Y^*, Y^*, X^*)_o = -\frac{3}{4}|[X,Y]_{\mathfrak{m}}|^2 - \frac{1}{2}([X, [X,Y]]_{\mathfrak{m}}, Y)$$
$$- \frac{1}{2}([Y, [Y,X]]_{\mathfrak{m}}, X) + |U(X,Y)|^2 - (U(X,X), U(Y,Y)).$$

证明　直接计算即可. 只需注意, 为将结果整理为上述形式, 要用到内积 $(\cdot, \cdot)$ 的 $Ad(H)$ 不变性, 即 (14.6) 式.　□

定义 14.4　对于齐性黎曼流形 $M = G/H$, 如果 $\mathfrak{m}$ 上的内积满足

$$([Z, X]_{\mathfrak{m}}, Y) + ([Z, Y]_{\mathfrak{m}}, X) = 0, \quad \forall X, Y, Z \in \mathfrak{m},$$

即 $U \equiv 0$, 则称相应的黎曼度量 g 为 简约 的 (naturally reductive).

推论 14.5　如果齐性黎曼流形 G/H 上的度量 g 是简约的, 则有

$$R(X^*, Y^*, Y^*, X^*)_o = \frac{1}{4}|[X,Y]_{\mathfrak{m}}|^2 - ([X, [X,Y]_{\mathfrak{h}}], Y).$$

证明　记 $Z = [X,Y]_{\mathfrak{m}}, W = [X,Y]_{\mathfrak{h}}$, 则有

$$R(X^*, Y^*, Y^*, X^*)_o$$
$$= -\frac{3}{4}|Z|^2 - \frac{1}{2}([X, Z+W]_{\mathfrak{m}}, Y) + \frac{1}{2}([Y, Z+W]_{\mathfrak{m}}, X)$$
$$= -\frac{3}{4}|Z|^2 - ([X, Z]_{\mathfrak{m}}, Y) - ([X, W], Y)$$
$$= -\frac{3}{4}|Z|^2 + ([X, Y]_{\mathfrak{m}}, Z) - ([X, W], Y),$$

从而结论得证.　□

命题 14.6 如果齐性黎曼流形 G/H 是简约的, 则当 $X \in \mathfrak{m}$ 时, $t \mapsto \exp(tX) \cdot o$ 是过 o 点切向量为 $X^*(o)$ 的测地线.

证明 记 $f_t = \exp(tX)$, 则 $f_t(o)$ 是 Killing 场 X^* 的一条积分曲线. 我们只需证明 $(\nabla_{X^*} X^*)_{f_t(o)} = 0$. 由于 f_t 是等距, 所以

$$f_{t*}(\nabla_{X^*} X^*)_o = (\nabla_{f_{t*} X^*}(f_{t*} X^*))_{f_t(o)}.$$

而 f_t 是 Killing 场 X^* 生成的流, 所以 $f_{t*} X = X$, 于是我们得到

$$(\nabla_{X^*} X^*)_{f_t(o)} = f_{t*}(\nabla_{X^*} X^*)_o.$$

最后, 利用 $U \equiv 0$ 的条件, $(\nabla_{X^*} X^*)_o = 0$ 是显然的. $\qquad\square$

14.3 对 称 空 间

现在我们来讨论一类重要的齐性黎曼流形.

定义 14.7 在黎曼流形 (M, g) 上, 如果对任意一点 p, 存在等距变换 $s_p : M \to M$ 使得

$$s_p(p) = p, \quad s_{p*}(v) = -v, \quad \forall v \in T_p M,$$

则称 M 为 对称空间.

由于等距变换将测地线变为测地线, 易知上述定义中的等距变换 s_p 满足 $s_p(\gamma(t)) = \gamma(-t)$, 其中测地线 γ 满足 $\gamma(0) = p$. 通常称 s_p 为 p 点的 测地对称变换. 显然 $s_p \circ s_p = \mathrm{id}$.

引理 14.8 若 (M, g) 是对称空间, 则它是完备的, 且是齐性黎曼流形.

证明 对于任一测地线 γ, 设它的极大定义区间为 $[0, t_0)$. 若 $t_0 \neq +\infty$, 则取足够小的正数 ε, 令 $q = \gamma(t_0 - \varepsilon)$, 这时运用测地对称 s_q, 可将 γ 的定义区间扩展到 $[0, 2t_0 - 2\varepsilon]$, 从而得到矛盾. 因此, 由 Hopf-Rinow 定理可知 M 是完备的.

这样, 任意两点 p, q, 一定存在测地线连接. 在该测地线上取 p, q 的中点 r, 则 r 点的测地对称将 p 变为 q. 因此, M 是齐性黎曼流形. $\qquad\square$

现在, 设 G 是对称空间 (M, g) 的等距群. 固定一点 $o \in M$, 则 o 点的测地对称变换 s_o 是 G 中的元素. 考虑如下的映射 $\rho : G \to G$

$$\rho(a) = s_o a s_o,$$

易知 ρ 是群 G 的自同构, 且 $\rho^2 = \mathrm{id}$, $\rho_{*e}^2 = \mathrm{id}$.

命题 14.9 设 $\mathfrak{h}$ 和 $\mathfrak{m}$ 分别是 ρ_{*e} 的属于特征值 1 和 -1 的特征子空间, 则 $\mathfrak{h}$ 恰好是 o 点迷向子群 H 的李代数, $\mathfrak{g} = \mathfrak{h} + \mathfrak{m}$, 且有

$$Ad(H)\mathfrak{m} \subset \mathfrak{m}, \quad [\mathfrak{m}, \mathfrak{m}] \subset \mathfrak{h}.$$

证明   令 $G^\rho = \{a \in G \mid \rho(a) = a\}$ 并令 G_0^ρ 为 G^ρ 的单位连通分支. 我们先证明

$$G_0^\rho \subset H \subset G^\rho.$$

事实上, 对 H 中任一元素 h, 有 $\rho(h) \cdot o = s_o h s_o \cdot o = o = h \cdot o$, 且 $d\rho(h)_o = (ds_o)_o dh_o (ds_o)_o = dh_o$. 也就是说, $\rho(h)$ 与 h 这两个等距变换不仅在 o 点的值相同, 切映射也相等, 因此 $\rho(h) = h$(参见习题 6.4). 这就证明了 $H \subset G^\rho$.

现在, 考虑 G_0^ρ 中的元素 $f_t = \exp(tX)$, 则 $s_o f_t s_o = f_t$, 从而 $s_o(f_t(o)) = f_t(o)$, 即 $f_t(o)$ 是 s_o 的不动点. 然而, 由 $d(s_o)_o = -\mathrm{id}$ 可知, s_o 在 o 附近只有唯一的不动点, 可见 $f_t(o) = o$, 即 $f_t \in H$. 由于 G_0^ρ 由形如 $\exp(tX)$ 的元素生成, 我们就证明了 $G_0^\rho \subset H$.

因此, G_0^ρ, H 以及 G^ρ 的李代数相同, 都等于 $\mathfrak{h}$, 也显然就是 ρ_{*e} 的属于特征值 1 的特征子空间.

由于 $\rho_{*e}^2 = \mathrm{id}$, ρ_{*e} 的特征值只有 1 和 -1. 因此 $\mathfrak{g}$ 可分解为 $\mathfrak{h}$ 和 $\mathfrak{m}$ 的直和. 注意 ρ 是李群 G 的自同构, 我们有 $\rho_{*e} \circ Ad(a) = Ad(\rho(a)) \circ \rho_{*e}$. 于是对于 $h \in H$ 和 $X \in \mathfrak{m}$ 有

$$\rho_{*e} Ad(h) X = Ad(\rho(h)) \rho_{*e} X = Ad(h)(-X) = -Ad(h) X.$$

可见 $Ad(h) X \in \mathfrak{m}$. 这就证明了 $Ad(H)\mathfrak{m} \subset \mathfrak{m}$.

最后, ρ 是自同构蕴含了 ρ_{*e} 是李代数 $\mathfrak{g}$ 的自同构, 即

$$\rho_{*e}[X, Y] = [\rho_{*e} X, \rho_{*e} Y], \quad \forall X, Y \in \mathfrak{g} \simeq T_e G.$$

当 $X, Y \in \mathfrak{m}$ 时,

$$\rho_{*e}[X, Y] = [\rho_{*e} X, \rho_{*e} Y] = [-X, -Y] = [X, Y],$$

这表明 $[X, Y] \subset \mathfrak{h}$. 于是我们证明了 $[\mathfrak{m}, \mathfrak{m}] \subset \mathfrak{h}$. $\square$

由 $[\mathfrak{m}, \mathfrak{m}] \subset \mathfrak{h}$ 立即得到下面推论.

推论 14.10   对称空间是简约的齐性黎曼流形, 过 o 点的测地线形如 $\exp(tX) \cdot o$, $X \in \mathfrak{m}$.

引理 14.11   若 γ 是对称空间 M 上的一条测地线, 则沿 γ 从 $\gamma(0) = p$ 到 $\gamma(t)$ 的平行移动是映射 $T_t = s_{\gamma(t/2)} \circ s_p$ 的切映射.

证明   若 X 是沿 γ 平行的向量场, 则 $(s_p)_* X$ 仍是沿 γ 平行的向量场. 注意在 p 点 $(s_p)_* X = -X$, 所以 $(s_p)_* X = -X$ 沿 γ 始终成立. 同理 $(s_{\gamma(t/2)})_*$ 也将 X 变为 $-X$, 从而 T_t 的切映射保持 X 不变. $\square$

命题 14.12　　在对称空间中, 以 o 为参考点的和乐群 $\mathrm{Hol}(o)$ 是 o 点迷向子群 H 的子群.

证明　　注意每条曲线都可用分段光滑的测地线逼近. 上面的引理表明, 对于分段光滑的闭测地线, 沿每一段的平行移动可以用测地对称表达, 从而沿整条曲线的平行移动仍可写为某个等距的切映射. 该等距变换保持 o 点不动, 即属于 H. 由于 H 是紧致的, 所以当该分段光滑闭测地线趋近于所考虑的曲线时, 相应的等距变换的极限仍在 H 中. 　　　　　　　　　　　　　　　　　　　　　　　　　$\square$

14.4　　附　　　　注

不可约对称空间的分类是 E. Cartan 最重要的工作之一. S. Helgason[24] 对这一分类定理的处理似乎很难找到替代品.

单连通正曲率齐性流形的分类是黎曼几何中最重要的成就之一. 这项工作是由 M. Berger, N. Wallach, Aloff-Wallach 和 L. Bérard Bergery 等人的一系列文章完成的. 最近, B. Wilking 和 W. Ziller[47] 运用了一些新的技巧重新给出了一个较简洁的证明.

14.5　　习　　　　题

14.1　如果在 $\mathfrak{g}$ 上取 $Ad(G)$ 不变的内积 Q, 即有

$$Q([Z,X],Y) + Q([Z,Y],X) = 0, \quad \forall X, Y, Z \in \mathfrak{g},$$

取 $\mathfrak{m}$ 为 $\mathfrak{h}$ 的正交补, 则 $Q|_{\mathfrak{m}}$ 是 $\mathfrak{m}$ 上的 $Ad(H)$ 不变内积. 称这样得到的黎曼度量为 G/H 上的正规 (normal) 度量.

(1) 正规的度量都是简约的.

(2) 正规度量的曲率张量满足

$$R(X^*, Y^*, Y^*, X^*)_o = \frac{1}{4}Q(Z, Z) + Q(W, W),$$

其中 $Z = [X, Y]_{\mathfrak{m}}$, $W = [X, Y]_{\mathfrak{h}}$.

14.2　如果 g 是李群 G 上的双不变度量, 证明 g 是简约的, 且 Ricci 曲率 $\geqslant 0$.

14.3　令 V 为 $\mathbb{C}^{n+1}$ 上全体 Hermite 对称变换构成的集合. 考虑 V 中迹为 1 的投影变换构成的集合

$$\mathbb{C}P^n = \{P \in V \mid P^2 = P, \mathrm{tr}(P) = 1\}.$$

注意, $\mathbb{C}P^n$ 通常定义为 $\mathbb{C}^{n+1}$ 中复 1 维子空间的集合, 这里我们将每个 1 维子空间等同于某个投影变换 P 的像 $\mathrm{im}(P)$.

设 $U(n+1)$ 为 $\mathbb{C}^{n+1}$ 上的酉变换构成的集合, $A \in U(n+1)$ 在 V 上有一个自然的左作用 $P \mapsto APA^*$, 于是 A 将 $\mathrm{im}(P)$ 变为 $A(\mathrm{im}(P))$.

(1) 证明上述 $U(n+1)$ 在 $\mathbb{C}P^n$ 上的作用是可迁的;

(2) $\mathbb{C}P^n$ 中的 $P_0 = \mathrm{diag}(0, \cdots, 0, 1)$ 的迷向子群为 $U(n)U(1)$, 因此 $\mathbb{C}P^n$ 可看作齐性空间 $U(n+1)/U(n)U(1)$;

(3) 在 V 上定义内积 $\langle P, Q \rangle = \mathrm{tr}(PQ)$, 则 $\mathbb{C}P^n$ 可自然地嵌入 V 的单位球面. 从 $\mathbb{C}P^n$ 到单位球面的这个嵌入称为 Veronese 嵌入, $\mathbb{C}P^n$ 上所诱导的黎曼度量称为 Fubini-Study 度量.

(4) 证明 $\mathbb{C}P^n$ 是对称空间.

14.4 设 G/H 是对称空间, 且 L 是 G 的满足 $\rho(L) \subset L$ 的子群. 证明 $L/(L \cap H)$ 也是对称空间, 且是 G/H 的全测地子流形.

参 考 文 献

[1] Alekseevskii D V. Groups of conformal transformations of Riemannian spaces. Math. USSR Sbornik, 1972, 18: 285-301.

[2] Baez J, Muniain J. Gauge Fields, Knots and Gravity. Series on Knots and Everything, vol. 4. Singapore: World Scientific, 1994.

[3] Bao D, Chern S S, Shen Z. An Introduction to Riemann-Finsler Geometry. Graduate Texts in Mathematics, vol. 200. New York: Springer, 2000.

[4] Berger M. A Panoramic View of Riemannian Geometry. Berlin: Springer, 2002.

[5] Besse A L. Einstein Manifolds. Berlin: Springer, 2008.

[6] Boothby W M. An Introduction to Differentiable Manifolds and Riemannian Geometry. 2nd ed. Singapore: Elsevier, 2007.

[7] Boyer C, Galicki K, Kollar J. Einstein metrics on spheres. Ann. Math., 2005, 162: 557–580.

[8] Burns K, Gerber M. Real analytic Bernoulli geodesic flows on S^2. Ergodic Theory Dynamical Systems, 1989, 9(1): 27–45.

[9] do Carmo M P. Differential Geometry of Curves and Surfaces. New Jersey: Prentice-Hall, 1976.

[10] Cheeger J, Ebin D. Comparison Theorems in Riemannian Geometry. Amsterdam: North-Holland Publishing, 1975.

[11] Chern S S. A simple intrinsic proof of the Gauss-Bonnet formula for closed Riemannian manifolds. Ann. Math., 1944, 45(4): 747–752.

[12] Chern S S, Shen Z. Riemann-Finsler Geometry. Nankai Tracts in Mathematics, vol. 6. Singapore: World Scientific, 2005.

[13] Chow B. The Ricci flow on the 2-sphere. J. Diff. Geom, 1991, 33(2): 325–334.

[14] Chow B, Knopf D, The Ricci Flow: An Introduction. Mathematical Surveys and Monographs, vol. 110. Providence: American Mathematical Society, 2005.

[15] Dai X, Wei G. A comparison-estimate of Toponogov type for Ricci curvature. Math. Ann., 1995, 303, 2, 297–306.

[16] Fang F, Mendonca S, Rong X. A connectedness principle in the geometry of positive curvature. Comm. Anal. Geom., 2005, 13(4): 671–695.

[17] Ferrand J. The action of conformal transformations on a Riemannian manifold. Math. Ann., 1996, 304: 277–291.

[18] Frankel T. Manifolds with positive curvature. Pacific J. Math., 1961, 11(1): 165–174.

[19] Gromov M. Curvature, diameter and Betti numbers. Comm. Math. Helv., 1981, 56: 179–195.

[20] Gromov M. Sign and geometric meaning of curvature. Rend. Sem. Mat. Fis. Milano, 1991, 61: 9–123.

[21]   Gromov M, Lawson H B. The classification of simply connected manifolds of positive scalar curvature. Ann. of Math., 1980, 111(3): 423–434.

[22]   Gromov M, Lawson H B. Positive scalar curvature and the Dirac operator on complete Riemanian manifolds, Inst. Hautes Études Sci. Publ. Math., 1983(58): 83–196.

[23]   Hatcher A. Algebraic Topology. New York: Cambridge University Press, 2002.

[24]   Helgason S. Differential Geometry, Lie Groups and Symmetric Spaces. 2nd ed. New York, London: Academic Press, 1978.

[25]   Kazdan J L, Warner F W. Existence and conformal deformation of metrics with prescribed Gaussian and scalar curvatures, Ann. of Math., 1975, 101(2): 317–331.

[26]   Kobayashi S. Fixed points of isometries. Nagoya Math. J., 1958, 13: 63–68.

[27]   Kobayashi S. Transformation Groups in Differential Geometry, Berlin-Heidelberg: Springer-Verlag, 1972.

[28]   Kobayashi S, Nomizu K. Foundations of Differential Geometry. vols. 1-2. New York: Interscience Publishers, 1969.

[29]   Kulkarni R S. Curvature and Metric, Ann. of Math., 1970, 91, 2, 311–331.

[30]   Lee J M. Introduction to Smooth Manifolds. Graduate Texts in Mathematics, vol. 218. New York: Springer, 2002.

[31]   Lohkamp J. Metrics of negative Ricci curvature, Ann. of Math., 1994, 140, 3, 655–683.

[32]   Matveev V S. Proof of the projective Lichnerowicz-Obata conjecture. J. Diff. Geom., 2007, 75, 3, 459–502.

[33]   Milgram A N, Rosenbloom P C. Harmonic forms and heat conduction, I, II. Proc. Nat. Acad. Sci. USA, 1951, 37, 180–184, 435–438.

[34]   Milnor J. Morse Theory. Ann. of Math. Studies, vol. 51. Princeton: Princeton University Press, 1963.

[35]   Morrey C B, Multiple Integrals in the Calculus of Variations. Grundlehren der Math. Wiss, vol. 130. Berlin: Springer, 1966.

[36]   Obata M. The conjecture about conformal transformations. J. Diff. Geom., 1971, 6, 247–258.

[37]   Paiva J C Á. Hilbert's Fourth Problem in Two Dimensions. Mass Selecta, New York: American Mathematics Society, 2003.

[38]   Peterson P. Riemannian Geometry. 2nd ed. Graduate Texts in Mathematics, vol. 171. New York: Springer, 2006.

[39]   de Rham G. Differentiable Manifolds. Berlin-Heidelberg: Springer-Verlag, 1984.

[40]   Schoen R. On the conformal and CR automorphism groups. Geom. Funct. Anal., 1995, 5, 2, 464–481.

[41]   Schoen R, Yau S T. Complete three-dimensional manifolds with positive Ricci curvature and scalar curvature. Seminar on Differential Geometry, pp. 209–228. Ann. of Math. Stud.. Princeton: Princeton University Press, 1982, 102.

[42] Shen Z. Differential Geometry of Spray and Finsler Spaces. Netherlands: Springer, 2001.

[43] Spivak M. A Comprehensive Introduction to Differential Geometry. vols. I-V. Wilmington: Publish or Perish, 1979.

[44] Thurston W. Three-dimensional geometry and topology. vol. 1, Princeton: Princeton University Press, 1997.

[45] Wei G. Examples of complete manifolds of positive Ricci curvature with nilpotent isometry groups. Bull. Amer. Math. Soc. (N.S.), 1988, 19(1): 311–313.

[46] Wilking B. Torus actions on manifolds of positive sectional curvature. Acta. Math., 2003, 191(2): 259–297.

[47] Wilking B, Ziller W. Revisiting homogeneous spaces with positive curvature. J. Reine Angew. Math. (Crelles Journal) (2015), doi: 10.1515/crelle-2015-0053.

[48] Wolf J. Spaces of Constant Curvature. 6th ed. Providence: AMS Chelsea Publishing, 2011.

[49] Yau S T. Curvature preserving diffeomorphisms, Ann. of Math., 1974, 100(2): 121–130.

[50] Ziller W. Geometry of the Katok examples. Ergodic Theory Dynamical Systems., 1983, 3(1): 135–157.

[51] 陈维桓. 微分流形初步. 2 版. 北京: 高等教育出版社, 2001.

[52] 陈维桓, 李兴校. 黎曼几何引论(上册). 北京: 北京大学出版社, 2002.

[53] 李养成, 郭瑞芝, 崔登兰. 微分流形基础. 北京: 科学出版社, 2011.

[54] 尤承业. 基础拓扑学讲义. 北京: 北京大学出版社, 1997.

索　引